超高层建筑群大规模地下空间
智能化安全运营管理

张鹏飞　主编

同济大学出版社·上海

图书在版编目(CIP)数据

超高层建筑群大规模地下空间智能化安全运营管理/张鹏飞主编.—上海：同济大学出版社，2022.10

ISBN 978 - 7 - 5608 - 9672 - 4

Ⅰ.①超…　Ⅱ.①张…　Ⅲ.①超高层建筑-地下建筑物-安全管理-研究　Ⅳ.①TU96

中国版本图书馆 CIP 数据核字(2021)第 006995 号

超高层建筑群大规模地下空间智能化安全运营管理

张鹏飞　主编

责任编辑：　马继兰
责任校对：　徐春莲
封面设计：　陈益平

出版发行　　同济大学出版社　www.tongjipress.com.cn
　　　　　　(地址：上海市四平路1239号　邮编：200092　电话：021 - 65985622)
经　　销　　全国各地新华书店、建筑书店、网络书店
排版制作　　南京月叶图文制作有限公司
印　　刷　　启东市人民印刷有限公司
开　　本　　787mm×1 092mm　1/16
印　　张　　14.75
字　　数　　368 000
版　　次　　2022 年 10 月第 1 版
印　　次　　2022 年 10 月第 1 次印刷
书　　号　　ISBN 978 - 7 - 5608 - 9672 - 4
定　　价　　88.00 元

编委会名单

主　　编　张鹏飞
副主编　胡仁茂
编　　委　袁　勇　陈　烈　梅英宝　姚旭朋
　　　　　　尤雪春　乔英娟　张　丽　李少伟
　　　　　　黄建明　董丽华　金晓东　范益群

■ 序 言 ■

    据统计,2015 年我国有 47 个重要城市进行了超高层地下空间开发;2011—2015 年,中国城市地下工程建设平均增速 20%以上;截至 2020 年,我国规划新开发超高层地下空间约 4.7 亿 m²。大力开发城市超高层地下空间、减少对土地的消耗,最大限度降低能耗、缩短交通距离、减轻交通拥堵是实现紧凑型城市建设的总体目标。利用超高层地下空间可以解决雾霾与空气污染、绿地不足与生态环境等问题。城市超高层地下空间是城市重要战略资源,具有不可再生性,并且由于地质等复杂因素导致施工风险巨大,在大规模发展超高层地下空间时城市如何安全建设和运营是必须面对和解决的重要问题。

    超高层地下空间需要借助新型材料和智能化管理来提升运营与管控水平,本书编者团队通过对建筑运营风险管控与安全保障技术的应用研究,在运营风险管控技术方面,分析了城市区域大规模超高层地下空间一体化安全开发中的综合加成效应。体现了注重安全是超高层地下空间建设开发和运营的前提,新材料和新技术运用是建设开发和运营的绩效,智慧平台是确保绩效实现的有效措施。

    本书尝试用全过程的理念将建设和运营管控路径、方法和实践的智慧结晶串联成一个完整体系,以飨读者,成果可供行业同仁研究与借鉴。

（顾伟华）

华东建筑集团股份有限公司党委书记、董事长

工学博士,教授级高级工程师

2021 年 12 月 15 日

前 言

FOREWORD

由于超高层地下空间相对比较封闭,发生在地下空间内部的自然灾害相对于地面建筑,更具有危险性,救灾难度更大,所造成的危害又远超地面同类灾害,如火灾、爆炸等。随着超高层地下空间的大面积、大规模、深层次开发,城市超高层地下空间中各类灾害的出现有上升的趋势。因此,超高层地下空间的防灾救灾成为建设期和运营期始终不可懈怠的问题。必须全面地开展各种灾害的研究、防治工作,逐步完善、建立城市超高层地下空间防灾减灾体系。通过超高层地下空间内部防灾减灾技术的研究,防止灾害的发生,或将灾害的损失降到最低。同时也要充分利用超高层地下空间良好的人防功能,使之成为城市居民抵御自然灾害和战争灾害的重要场所。

该书响应国家"十三五"规划"健全公共安全体系""提升防灾减灾救灾能力"和"强化突发事件应急体系建设"的基本战略构想,结合超大型城市地面空间日趋紧张的窘迫现实和"深地"空间深度开发利用的必然趋势,聚焦城市超高层地下空间公共安全防控面临的技术难题和重大需求,通过研究大型地下公共空间环境卫生安全、结构体系安全以及智能防控预警应急平台等关键技术,打造高密度人流区地下公共空间安全危机的智能应急机制,形成全方位的城市大型地下公共空间运营安全保障总体解决方案,构建面向未来的城市大型地下公共空间安全防控技术体系。

本书得到了上海市经济和信息化委员会、上海市住房与建设管理委员会、上海世博发展(集团)有限公司、上海市建筑科学研究院(集团)有限公司、华东建筑集团股份有限公司、同济大学及同济大学建筑设计总院、上海建工集团股份有限公司、上海市城市建设设计研究总院(集团)有限公司和上海市城乡建设和管理委员会科学技术委员会等相关单位的大力支持,尤其是得到了上海市科学技术委员会科技攻关项目"超高层建筑群大规模超高层地下空间智能化安全运营关键技术"(编号16DZ1200300)和课题"数据驱动的建筑楼宇群设备自控与运管系统研制及应用示范"(编号:19DZ1202800)的支撑。上海市科学技术委员会郑广宏、俞清等在课题研究全过程以及最后验收阶段给予了无微不至的关怀,上海理工大学陈有亮教授以及同济大学土木工程学院蔡雪松博士等也给予了无私帮助,在此一并表示衷心感谢! 感谢上海建筑科学研究院张景岩同志,感谢同济大学经济与管理学院、上海理工大学相关老师和研究生在该书编写校对和排版时给予的大力支持。

本书主要面对从事超高层地下空间规划、建设、设计、施工、监理、运维单位,以及智慧技术应用工作者、高校师生等专业读者。本书如有不当之处,欢迎读者批评指正。

编者

2021 年 12 月 8 日

目　录

CONTENTS

第1章

超高层建筑群地下空间的复杂性与安全隐患

从20世纪60年代至今,世界上有许多大城市的中心地区进行了城市立体化再开发。随着城市大范围地铁的建设,超高层地下空间的开发利用进入一个蓬勃发展的时期,出现了大规模的地下商业建筑和内容丰富的地下综合性空间。比较成功的案例如蒙特利尔市中心区域的地下城项目,巴黎地区的列-阿莱地区再开发项目以及美国曼哈顿地区、芝加哥市中心区等,这些现代化大城市都进行了超高层地下空间的再开发。这样不但扩充了城市空间容量,还提升了居民的生活质量。

1.1 超高层建筑群地下空间综述

随着我国市场经济的发展,我国大中型城市的中心区域出现了土地资源紧张、容量不足的问题,同时伴随着高层、超高层建筑在城市中心区域的兴起,城市中心环境的品质开始迅速恶化。为了解决这些问题,人们开始将目光转移到城市尚未完全开发的宝贵区域——超高层地下空间,并随着对超高层地下空间资源所蕴藏的巨大价值的认识,国内外开始逐步地进行超高层地下空间综合开发,并在一些大型城市出现了办公、商业、娱乐、交通于一体的大型地下综合体。

1.1.1 超高层地下空间分类

根据使用功能的不同,超高层地下空间可分为地下商业空间、地下停车库以及与城市道路相连接的地下隧道空间。

1. 地下商业空间

城市地下商业空间就是应商业和市场需要而开发建设的处于地表以下的建筑。

与地上的商业裙房空间最大的不同在于排烟方式的限制。地下商业空间无法采用最有效的自然排烟方式,因此若火灾发生时,烟气蔓延速度更快,有效高度的可见度下降速度和温度的上升速度均比较快,再加上地下商业的人数分布在整个建筑中的比例较大,因此,相较于地上裙房商业而言,地下商业的防火分区、防烟分区以及安全出口的设计要求也明显地更加严格。此外,其建筑空间的特性和人员的构成均与地上裙房空间的情况相似。

2. 地下停车库

一般而言,地下停车库的火灾发生概率较高。地下停车库和建筑主体一起建造可能会增加火灾的发生概率,因此单独建造停车库是最优解,如天津凯悦饭店的双层汽车库脱离主体建筑,单独设置,但是由此会带来资源的浪费。为节省用地,方便管理,大多数超高层建筑在地下一层、二层内部设停车库,这样不可避免地增加了整体建筑的火灾概率。因此,就必须采用耐火极限不低于2 h的隔墙和1.5 h的楼板与其他部位隔开,并应单独设疏散出口,以避免在火灾发生时造成混乱,影响疏散和消防救灾。

地下停车库的热释放速度不能确定。地下车库内火灾荷载以汽车为主,而汽车本身就有多种可燃物,荷载导致火灾时的热释放速度不能按照通常情形进行考虑。按照最不利情况,即车库内停满汽车,一辆汽车发生爆炸连带其他汽车火灾,与一排汽车爆炸连带整体空间的火灾场景也是不同的,在此过程中,其热释放速度也存在较大的不确定性。

地下停车库导致火灾发展的不可控的因素众多。地下车库内车辆的停放情况根据时间的不同而时刻发生改变,汽车在车库内停放的位置往往是随机的,因此,同一个停车库在不同时段火灾荷载的分布情况是不同的,因此,火灾场景对实际情况的还原程度也是有局限性的,火灾场景的火灾情形的发展无法真正定量预测出来,实际情况的火灾发展情况的可变性极大。

地下停车库无法自然排烟。在实际火灾情况下,车辆之间的连续爆炸燃烧必将导致火灾烟气越来越多,仅靠机械排烟几乎难以控制烟气的蔓延和烟气温度的升高,即便火焰被熄灭,多且高温的烟气很可能导致整体地下车库的二次爆炸。另外,烟气不能迅速排出也会影响如防火喷淋、补风设备等设备的运行,无法保障人员在有效时间内逃离危险区域。

3. 地下隧道空间

超高层建筑聚集的地段,往往是城市地标性地段,也是城市主干道路交错的核心地带,交通枢纽也集中分布在超高层综合体的周围,并与超高层综合体相互作用,一同改变着城市生活方式。城市隧道发挥着连接超高层的地下空间与周边大型空间尤其是城市交通枢纽的重要作用。它一边联系着封闭的地下建筑的室内空间,一边通往周边大型交通枢纽建筑或者下沉式半室外广场或者是地上室外广场。这样,当火灾发生时,室内人员可以不必通过为数不多的楼梯或者逃生出口逃离建筑,还可以通过城市隧道通向其他大型建筑中或者进入下沉式广场中,保证能进入相对安全的区域中。

然而,城市隧道与超高层地下空间相连也有不利于火灾防控的地方。外来人流进入建筑超高层地下空间,易导致建筑超高层地下空间的人员密集度增高,火灾荷载自然随之上升,因而导致火灾规模的增大。

1.1.2 超高层地下空间特点

超高层地下空间环境有其特殊性,主要表现为封闭性、热稳定性、防护性、复杂多变性等。

　　相对地表来说,超高层地下空间人员活动较少,可以较好地从事某一特定的活动,并且活动所带来的噪声、固体垃圾以及部分烟雾等对地表影响相对较弱,超高层地下空间作为地下车库、地下贮存室等功能就利用了这一封闭性特点。大地对温度的保持能力较强,使得超高层地下空间具有很好的热稳定性,可为贮存创造较好的条件。利用超高层地下空间的防震、防电磁干扰、防辐射等特点,可将其作为人防工程、地下市政管线等。

　　超高层地下空间的功能:超高层地下空间整个体系中,不同功能空间是通过整个超高层地下空间系统内部对各个不同分系统的功能、空间、规模三者的组织来实现系统协调和统一的。随着该系统中城市基本功能不断进入,系统承载功能类型日趋增加,不同功能之间相互联系紧密、联系类型日趋多样,形成了多种类型内部功能组合。

　　超高层地下空间系统内部也在发展中不断产生变化。在呈现开发总量迅速增长、单体项目开发规模快速扩大、开发深度不断增加、超高层地下空间容积率(单位地表面积的地下建筑总量)持续提高等发展现象的同时,城市超高层地下空间在承载功能类型、内部组织模式、与周边地上地下城市空间系统互动联系等方面都产生了深刻变化。城市超高层地下空间从原先的地铁、市政管线、人防等城市辅助功能为主,扩展至商业文化等城市基本功能;利用形式从原先单一功能利用为主,转变为综合功能利用为主,产生了地上商业文化+地下商业文化+地下停车+地下交通枢纽等多种地上超高层地下空间组合形式;形成的城市空间功能实体从原先与外界相对独立,转变为与外界联系紧密,城市超高层地下空间不仅与地上空间建立了密切的联系,同时还与周边的地上、超高层地下空间产生了复杂的互动关系,产生了一种地上地下共同发展、相互协调的互动结合关系,城市超高层地下空间日益成为城市整体动态组合和互动调整的主体之一。

　　超高层地下空间的空间:虽然城市超高层地下空间开发常常是一次性的,但整个超高层地下空间内部功能区的调整则是常态化的,也正是由于系统功能在空间位置和规模上的动态调整,使得内部的不同功能空间形成多种组织形式,相互统一而又各自独立。地下城市综合体如同一个将各种片段连接的蒙太奇工具,通过在超高层地下空间将地面空间重新组织、整合起来,并以积极的建筑空间介入城市空间中,带动整个城市结构的更新和发展。地下综合体作为一类典型的建筑形式,同时具有地面商业建筑和地下建筑的双重特点:空间开敞、较为封闭、人流量大、可燃物多及结构复杂。通过地下步行通道以及立体换乘连接周边的新干线、高速铁路、地铁线、高速公路和公用停车场,尽管东京站日客流量高达80万～90万人,但站前广场和主要街道上交通秩序井然,环境清新,体现出现代大都市应有的风貌。

　　超高层地下空间的流线设计:安全疏散设计是建筑流线设计的最终目的,保证建筑内发生火灾时,人员可以在安全时间内成功疏散至建筑外部,对于人员密集的地下综合体,安全疏散设计更为重要。当地下大空间内发生火灾时,会产生大量的烟雾,浓厚的烟雾会遮住疏散标志,这时人们仅凭着自己的空间方向感来判断疏散路线。由于人员疏散时主要依靠的是自己头脑中的认知地图而不是疏散标志等外界因素,而认知地图是人们理解建筑空间并加以记忆形成的,良好的空间模式有利于疏散,而差的空间组织不仅不利于建筑平时的使用,更不利于火灾时的人员疏散。地下建筑特点使得地下综合体内部防灾问题更复杂困难,如果防灾系统设置不当,会造成更加严重的后果。

超高层地下空间安全设计:安全设计包括人的心理安全和超高层地下空间的物理安全,需要设计者以人为本,从人的具体需求、心理行为特征等方面出发进行空间设计,以满足人在空间中的活动需要。

相对于地上建筑而言,地下建筑功能复杂、空间封闭以及不清晰的流线设计都增加了超高层地下空间的隐患,增加了解决地下空间安全问题的难度。

1.2 超高层地下空间的功能复杂性与安全性

1.2.1 超高层地下空间功能的综合性

建筑是城市社会生活的物化形式。随着现代城市集约化需求的不断提升,功能单一的单体公共建筑已不能完全满足日益丰富和变化的现代生活的使用需求,建筑因而逐渐向多功能和综合化的方向发展。现代人多样、多元的生活以及内在联系决定了建筑功能单元之间的必然联系,多元化、综合化已成为当今建筑空间发展的一大趋势。由于地下空间开发建设的不可逆性,其规划与设计往往更具有弹性,会为未来功能作一定的预留设计(The end use),以适应未来情况的变化,其表现为,以动态和开放的综合方式,将地下空间的多重功能(是针对城市层面上的,而并非只针对建筑与地下城市综合体这一点域上)进行整合,以达到资源的集约和整合。城市地下空间的整体包含了不同类型的地下空间分布规律的同时,也综合体现了不同类型地下空间分布,是不同类型地下空间强度的合成。由于地下空间几乎不受外在地面环境影响,具备全天候活动的先天优势,这也吸引了众多商业主体入驻地下城市综合体,使地下空间内部汇集了交通、购物、餐饮、娱乐、展览、停车、市政等多种城市功能。多种功能的"混合使用"不仅产生了简单"叠加"的物理反应,还产生了"综合性"和"多样性"的化学反应。不同用途之间的互相融合,发挥出"1+1>2"的效应,使城市地下空间成为一种满足人类多样性需求的、体现多重利益关系的综合性社会场所,成为市民日常城市生活的重要载体。

另外,由于各个城市的功能活动时间段各有差异,每个城市的不同功能的需求也会在不同时段对交通、商业、娱乐消费功能产生不同诉求,建筑功能的多样性和综合性使得在地下城市综合体内部形成一个较长的活动周期,并通过地铁、地下步行系统取得和城市更加紧密的联系,使其内部的各种功能,与地下、地上功能之间紧密联系,并相互促进改善,进而使地下空间的发展良性循环,激发城市的 24 小时活力,为所在区域带来巨大的经济效益。

大量研究表明,三种或三种以上能够提供收益的主要功能,如零售、餐饮、娱乐以及展览、活动场所、表演艺术设施、停车等功能的"混合使用"能够吸引相应目标顾客融入整个项目中,创造出满足这些顾客需求的市场叠加,从而产生外部连锁效应。这些能够提供经济效益的功能集聚以及其带来的外部连锁反应,进一步促进了地下城市综合体建筑功能的综合多样性。

如日本东京港区超高层大厦由地铁明冠、好莱坞世界、北方大厦、步行商业区、庭院步行区、榉木坂大道等区域组成。其开发理念就是将各种城市机能纵向集合,将住宅、商业、文化、旅馆、豪华影院及广播设施集中到一起,实现适宜步行尺度的建筑群与集约型城市空间。同时将自然生态与文化元素相融合,重视水体、绿地公园等开敞空间的运用,形成都市文化中心并提供餐饮、商业、停车及地下通道的服务功能,统一规划建设,形成地下经济繁荣、地面绿化景观富有特色的综合体,其绿色屋顶花园也能有效提升城市空间的环境品质。

位于上海浦东的超高层商业花木中心地下空间综合体,集办公、商业、文化于一体,建成后成为融合文化博物馆、大型艺术装置、文化办公、精品商业和活动场所的新型城市地标。地下室共三层,地下一层围绕下沉广场及与博物馆东馆的人行连接通道设置商业用房,其余部位设置设备用房、机动车库、非机动车库、垃圾房、卸货区等后勤用房及设施;地下二层设有员工餐厅及厨房,还设有与博物馆东馆的车行连接通道。地下二层、地下三层主要设置机动车库和设备用房,其中部分区域为平战结合人防设施,平时用途为机动车库。花木中心地下空间综合体功能的综合化使得功能上可有选择地叠加,经过功能"混合使用"增加地下建筑的使用率,提高建筑安全性。

1.2.2 超高层地下空间交通功能的复杂性

地下交通系统,由地下公共交通系统、地下步行系统和地下停车系统组成。地下公共交通系统包括公路隧道、以地铁为中心的交通集散系统、站厅、站台与隧道等;地下步行系统包括地下步行过街通道、与地铁车站间的连接通道、地下建筑之间的连接通道和楼梯、自动扶梯等内部垂直交通设施等;地下停车系统则是以地下车库为核心的停车场系统,包括车库、连接通道及相应设施等。城市地下停车设施是地面高强度开发、地面停车设施无法满足停车需求时,为商业、办公、居住等城市基本功能提供停车服务的重要辅助功能。市中心区域内的地下停车空间规模一般在地下两层或地下三层,其深度最大可达地下四层或地下五层;而在城市较外围的普通居住区或中低强度开发地区,地下停车空间的规模一般为一层或三层地下空间,其深度至地下一层或地下二层。

1.2.3 超高层地下空间设备功能的复杂性

从地下城市综合体的概念来看,其基本空间构成功能丰富、组合多样,一般可划分为地下部分的营业服务功能系统、辅助功能系统、地下交通系统、综合管线廊道系统、公共区域以及地上部分,共六大部分。但一个地下城市综合体具体如何构成,需视其建设目的和主要功能而定,在具体实践中不同国家有各自不同的做法。

（1）营业服务功能系统,包括地下购物中心、地下商业街或其他营业性的商业服务空间,以及餐饮、文娱、体育、展览、银行、邮政等公共服务空间。可作为基本功能的城市商业空间对超高层地下空间的利用,也可作为辅助功能的城市商业空间对超高层地下空间的利用。

（2）辅助功能系统,包括为地下城市综合体服务的通风、空调、变配电、供水排水等设备用房、中央控制室、防灾中心、办公室、仓库、卫生间等辅助用房以及备用的电源、水源、防护设施等。

（4）综合管线廊道系统,即供水、排水、变电、进排风、空调、煤气、供热等管道组成的管线廊道,仅在特殊需要时设置。

（5）公共区域,即地下城市综合体主要营业服务功能以外的活动区域,包括地下广场、地下中庭等。

（6）地上部分,包括地下城市综合体与城市的接口空间以及突出地面的采光、通风设备等,是突出地下城市综合体可识别性的重要环节。

1.3 超高层地下空间的空间复杂性与安全性

1.3.1 超高层地下空间使用空间的复杂性

地下空间是当今发达城市空间的重要组成部分,地下空间汇集文化、娱乐和商业等多种空间区域,涵盖了大量市民的日常娱乐活动。据有关数据显示,我国发达城市中的地下公共空间接纳市民经常达到十几万人之多,在信息社会高速发展的今天,局限的地面空间使城市发展结构发生了巨大改变,发达城市已经开始纵向发展地下建筑。多功能空间的集合,尤其是在方向感较弱的地下封闭建筑内,使得地下空间复杂多样。为了使地下公共空间满足人类对空间尺度的心理需求,建设者在增大水平面积的同时也应适当增加空间的垂直高度,以及联通每一层的交通流线的特点,但实际上,地下空间的解决办法要比地上空间困难许多。

1.3.2 超高层地下交通空间的复杂性

现代大型的地下公共空间设有商业、办公、娱乐等不同功能的场所,使其形成汇集多种功能为一体的大型地下公共空间。

地下交通空间立体性,指城市空间基面的立体化,表现为功能空间区位布局的立体性和城市公共空间层面的立体性,即将地下空间内部集聚的多项城市功能和城市活动集聚在有限的地下空间内,并通过立体化的公共活动层次有效组织起来,形成一个集约高效的城市运作系统。另外,现代城市交通组织的立体化也决定了地下空间的立体性,反言之,若其没有立体性,也就根本无法适应现代城市交通的组织方式。因此,地下空间可以简单概括为:"位于地表以下,由购物、交通、娱乐、休闲、商业、停车等城市中不同功能、不同用途的社会生活空间组成或者与市政基础设施空间共同组成,通过水平和垂直方向地下公共空间的引入,把地下空间的各种功能在三维方向上立体地、综合地组织在一起,充分发挥建筑功能和地下空间的互补、协调与整合作用,并与相邻的地下、地面和地上城市要素紧密关联,在各部分之间建立一种相互依存、相互助益的能动关系,从而形成多功能、高效率、复杂而统一的一个或一组地下建筑,或紧凑的地下建筑群体。"

位于上海静安区的华兴新城项目(图 1-1)为集居住、商业、文化、办公、酒店等多功能于一体的城市综合体建筑项目。总建筑面积达 54 万 m^2,主塔高 320 m,其地下室(图1-2)考虑了地基埋深与周边地铁、下穿隧道等因素的影响,设置了三层,且居住地块与商办地块地下室并不在同一标高上。结合地下室功能的需求,各功能模块下的同一层的地下室结构板均不在同一标高,且层高也随着地下会所、地下超市、设备用房、停车库、地下餐饮空间、卸货空间等对净高不同需求而变化。

图 1-1　华兴新城项目效果

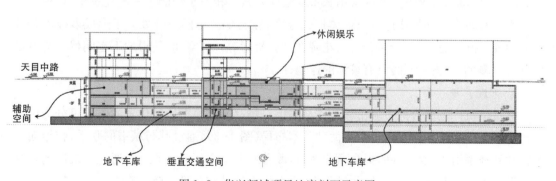

图 1-2　华兴新城项目地库剖面示意图

1.3.3　地下共享空间的复杂性

地下空间的"城市性"是地下城市综合体运用地上地下一体化设计的必然要求。究其根本,就是将城市公共活动空间引入到地下空间内部。

首先,为了组织自身各部分的形态存在关系和功能协作关系,地下空间必须应用组织城市要素的方法和途径。一是地下空间资源的有限性,主要表现为水平范围的有限性;二是城市功能多样性和关系复杂性,地下城市综合体将不同城市功能在一个相对比较完整而又有限的城市空间内组成,如商业、交通、市政、停车等,每个部分基本上都是一个城市要素的缩影,自身具有比较完整的功能运作系统,但是,每个部分要想顺利行使各自的城市功能又必须有其他部分的功能支持,彼此之间会产生城市功能的运作和联系。也就是说,地上地下一体化是地下空间内部的组织与构建的核心。

再者,地下空间功能的有效发挥需要其他城市运作系统的支持,也就是说,地下空间之外的活动系统和内部的公共活动系统需要有一个有机的衔接,而这种衔接就是内外和上下公共活动之间的直接联系和过渡。对应来讲,地下空间内外和上下公共活动空间之间的关系需要相应的一体化处理,地下空间内部的公共空间在联系与组织内部各个功能要素之外,还要与整个城市的公共空间系统产生连续、有机的联系,这种联系代表着地下空间内部的公共空间基面是公共空间系统的一种延续,正是这种空间的延续性赋予了地下空间向地上开放的可能性和机会,也赋予了地下空间与地上一体化特征。

地下空间需考虑与地上空间的联系来达成地上地下一体化。地下空间与城市要素整合发展,二者之间形成视觉关联及城市活动关联,使得地下城市综合体与地面城市要素共同焕发出新的机遇与魅力。

整合包括两层含义:一是组合;二是联系。地下空间与地上空间的整合包括彼此之间功能与形态结构的整合,主要通过设置地上地下基面联系要素(包括空间要素和构件要素)实现二者城市活动的延续和连续。楼梯、自动扶梯、坡道或者其他形式的垂直交通设施是整合地上地下基面的常用联系要素;下沉广场、地下中庭是整合地上地下不同标高公共空间基面,将自然环境引入地下空间的常用联系的空间要素。相对于功能单一的建筑单体,地下空间一般具有较大的体量或通常以群体形式存在,在与地上空间结合处易于形成多样的开放型室内外空间形态广场、街道、平台、花园、中庭、游廊等开放空间,使得地下空间建筑与城市空间有较多的流动性,同时具有较强的连通性。

1. 下沉广场

通过下沉广场整合地下城市综合体与城市广场、绿地,根据所处位置的不同可分为位于城市广场一端和位于城市广场中间两种基本布局(图1-3),通过其与城市的联系,将地面自然活动和环境引入地下空间,提高商业效益,改善地下空间环境品质。在通过下沉广场整合地下城市综合体与城市广场、绿化过程中,也有将上述基本布局结合的趋势。

一是上述基本布局同时使用。如日本名古屋中央公园和广州珠江新城花城广场,其地下空间体均是利用多个不同位置的下沉广场,实现大部分地下空间环境能与地面自然环境相结合,使地下空间环境品质得到重大改善。

二是将下沉广场与城市广场轴线结合设计,生成地上地下二者共用的广场。例如,上海世博会世博轴的设计通过贯穿世博轴的带形下沉广场,打破了传统意义上的地上地下空间的概念,营建了一个承载大量人流进出的、地上地下一体化、通透流动的建筑与城市公共空间,最大可能地实现了地上地下视觉与活动的关联。其建筑规模与尺度之大也在很多方面突破了一般意义上的建筑概念,为未来城市的立体化与集约化、综合性和艺术性空间的发展提供了可借鉴的范例。

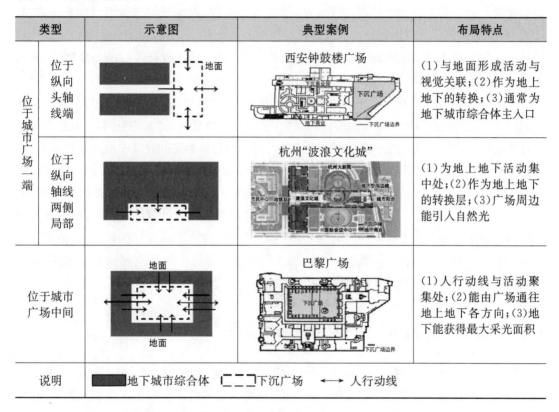

图 1-3　通过下沉广场整合地下城市综合体与城市广场、绿地的基本布局类型比较

2. 地下中庭

地下中庭由于其立体化、开放性、公共性的特点,在整合地下空间与城市广场、绿地中可以发挥重要作用,将自然环境引入地下空间,形成地上地下的视觉关联,实现地上地下的融合、渗透。根据地下中庭突出地面部分在城市广场、绿地的相对空间形态,可以将其分为点状和带状两种。例如,法国巴黎卢浮宫扩建,将点状的透明的玻璃金字塔外形的地下中庭作为结合点,形成地面广场与地下中庭广场的整合。华裔美国建筑师贝聿铭将地下城市综合体出入口的交通动线与采光顶集中在卢浮宫广场中心大型钢构玻璃金字塔之内。透明的玻

璃金字塔,除了引进日光进入地下空间,也成为卢浮宫广场视觉与动线的重心,同时又发挥其"隐形"作用,形成卢浮宫广场内视线的"无障碍"互通以及地上地下的视觉关联,不但达到了保护了重要历史建筑及其历史文化氛围的目的,而且通过新元素的引用使地下空间与城市地面古迹实现了"历史与现代"的充分融合。

3. 地下公共空间设计原则

地下公共空间设计综合性较强,为了在日常使用中有一个较好的空间环境,充分发挥地下共享空间的社会效益和经济效益,在空间设计中应遵循以下几点原则:

(1) 功能布局紧凑、合理化原则。地下空间要包括商业、交通、购物、娱乐、停车等功能,还要保持与地面交通、地铁线路有快捷、方便的联系。所以,对地下综合体的空间组织来说,功能分区,特别是竖向的功能分区的合理性尤为重要。此外,明确的功能分区对位于地下综合体的人们建立空间秩序感,帮助人们快速了解环境空间结构,改善人们的心理感受,有很重要的现实意义;同时清楚明晰的空间布局也有利于防火疏散。

(2) 注重公共空间的设计。对地下建筑或合体来说,入口空间、中庭空间和室内步行商业街的设计最能影响空间个性和人们对它的感受,它们是公众交通、交流的空间,也是整个地下综合体空间的骨架。因此,公共空间的设计是大型地下综合体的空间设计中最重要的一环。

(3) 改善人的心理环境。如果人在封闭的地下环境中无法通过周围环境的变化来辨别方向、不能确定自己的位置,容易产生恐惧感,这也是地下综合体中需要着重解决的问题。与地面建筑相比,人在地下建筑中面临的心理问题是最主要的设计难题,故而应想方设法通过空间布局来改善人处于地下空间时的心理环境。因此,在地下综合体的设计中,应该创造易于理解的空间布局,加强空间的方向感,使人们迅速掌握整个地下空间的布局模式,并努力创造清晰的形象来弥补外环境的不足造成的空间单一性。

1.4 超高层地下空间的流线复杂性与安全性

建筑的总体布局与空间组织形式,对于地下建筑而言,是最根本的决定性因素,地下建筑的布局与空间形态既要与外部入口协调一致,也要与建筑内部空间形态协调一致。同时,地下建筑的设计流线也要与建筑空间布局协调一致。在进行地下建筑流线设计时,火灾疏散设计流线是主要考虑因素。地下建筑疏散的难度远高于地上建筑。以地下综合体为例,列举地下空间安全疏散难点如下:

(1) 地下综合体仅能从安全出口疏散。

(2) 多数地下综合体相对采光差,在发生火灾时,人员可能花费更多时间判断疏散路线,判断失误的可能性也较大。

(3) 地下综合体纵深大,格局复杂,某些地下综合体空间迂回曲折,平面如同"迷宫"一般,人们会因为找不到疏散路线而产生恐慌。

(4) 地下综合体引发火灾时,人员必须向上疏散,而向上疏散比向下疏散更费体力,疏散速度也会因此下降。

（5）烟气向上的流窜速度远远大于人员疏散的速度，人们在疏散时难以摆脱烟气的侵害。

（6）从消防报警到完全疏散的安全时间很短。

1.4.1 超高层建筑地下空间使用功能流线的复杂性

为了解决地下空间的安全疏散问题，城市地下空间的布局与空间组织通常采用以下三种方式：

（1）通道式。又叫作商业街式的空间布局模式。城市地下商业街是这种空间布局的典型实例，通道式地下商业街式的空间布局与空间特点是其内部的商业空间分列通道的一侧或者两侧，交通空间和商业店铺空间布局明确，因此空间具有便捷、鲜明的地下商业空间特点，导向性也较为明确，人们处于这种地下空间时能快速掌握其空间布局模式，因而具有比较强的心理安全感。

（2）大厅式。即所有的商铺以一个大的中庭空间（如中庭，下沉广场，庭院）为核心，其中心是一个采光的大厅空间。这种空间布局具有明确的中心标志性和空间上的方向引导性，有利于消除地下空间的封闭感。

（3）混合式。混合式布局通常存在于地下空间综合体中，同时拥有功能通道式空间布局模式和大厅式空间布局模式，其二者的优点得以综合体现，使人们在地下空间中具有明确的方向感和明确的中心向心体验感。

人员疏散流线的合理性对交通流线设计有更高的要求。交通流线首先应该合理有效地避免出现拥挤现象，同时既要满足各种流线的需求，又使彼此的流线不会交叉干扰。在地下综合体的设计中，提高交通流线的可达性和识别性是两条重要的原则。

1. 水平流线组织

地下综合体内部交通流线主体，包括顾客、内部服务人员和商品在地下综合体内的流线。在组织布局中要避免这三种流线的互相干扰，三种流线应该有各自的出入口和楼（电）梯。

（1）出入口包括通向地面空间的出口和防火分区之间的连通口，对于人员疏散、脱离火灾威胁十分重要。应设置足够数量的出入口并均匀布置，尽量平均分配服务面积，防止人流过分集中于部分出入口造成拥堵。出入口应保留与最大密度人数相适应的宽度。

（2）当火灾发生时，人员疏散不能使用平时的普通楼梯、电梯和自动扶梯，而需要使用封闭或防烟楼梯间，每个防火分区应该至少有两个疏散方向，其中至少一个是能直通室外或者防烟楼梯间的，还应该根据各层的设计疏散人数来确定疏散楼梯间的宽度。

在这三种流线中，最重要的是顾客流线的设计。合理组织地下综合体的人流和物流，不但直接关系到地下建筑的使用质量和综合效益，也是防灾防护必要的。

2. 垂直流线组织

地下综合体中，人们逃避火灾的关键环节就是垂直疏散。地下综合体的垂直交通工具有自动扶梯、客用电梯、载货电梯、消防电梯、公共楼梯和疏散楼梯等。在疏散设计中，要合

11

理设置必要的自动扶梯、客用电梯、载货电梯、消防电梯、公共楼梯和疏散楼梯等安全疏散设施以及安全疏散辅助设施等。在设计中要根据不同功能用途和平面布置情况,参照规范,设置足量的安全疏散通道、楼梯和门。

1.4.2 超高层建筑地下空间安全疏散流线的复杂性

1. 水平层疏散路线

疏散路线是人们从着火房间或空间,通过疏散通道快速疏散到避难走廊,再由避难走廊到达疏散楼梯间(包括防烟楼梯和避难楼梯),然后再由疏散楼梯到室外安全点的路线,其安全性应逐步递增。因此在布置时,既要简洁明了,又要特别注意选择合适的疏散楼梯位置,如图 1-4 所示。

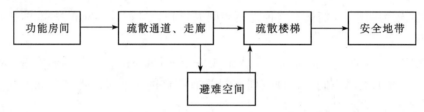

图 1-4 水平疏散示意图(资料来源:《地下建筑避难空间设计》)

1) 疏散通道、走廊

疏散通道、走廊是疏散设计的第一安全区,因此应满足以下安全要求:

(1) 疏散通道、走廊的形状。为避免对疏散路线造成干扰,与安全出口相连通的通道、走廊应尽量平直,避免在宽度上和方向上有较大的变化和转折;疏散通道、走廊应能向两个不同方向进行疏散,不宜设置门槛、阶梯和突出物等,并能直达安全出口;疏散通道、走廊不得经过任何房间,安全出口门应向疏散方向开启。

(2) 疏散通道、走廊的宽度。对室内地坪与室外出入口地面高差不大于 10 m 的防火分区内疏散宽度指标应按照每 100 人不小于 0.75 m 计算;对室内地坪与室外出入口地面高差大于 10 m 的防火分区,其疏散宽度指标应按照每 100 人不小于 1.0 m 计算。

(3) 走道的防火构造。为避免着火房间内的烟和火迅速蔓延到走道内,走道两边的隔墙应为耐火极限为 1 h 以上的非燃烧体,并且应砌至梁、板底部并将全部空隙填实。

(4) 通道摆设物品的处理。通道的最小宽度确定后,不应因其他原因而轻易更改。日常使用时切不可在通道内堆放物品或杂物,更不可被摊位侵占,以免在火灾发生时影响人员疏散速度。

(5) 门的开启问题。地下综合体中,门的开启设计应注意两点:首先,开启方向应与人流撤离的方向一致;其次,门锁宜采用水平压杆式,这样可以保证人员即使在慌乱中或将倒地的情况下,也能较容易地打开门。

2) 避难走道和避难空间

(1) 避难走道。设置避难走道,可以大幅缩短人员离开火灾危险区域的时间。并且,在避难走道内的人员获得了安全保障后心理恐慌情绪就会得到暂时舒缓,避免了由于疏散人员恐慌而导致人员拥挤造成的伤亡。

(2) 避难空间。避难空间是地下综合体防火疏散设计重要的环节,它可以在火灾发生时,为人员安全提供更好的保障。但我国目前尚无针对避难空间设计的规范要求,在今后对避难空间的研究是解决地下综合体防火问题的一个重要课题。

3) 防灾广场

通过设置地下防灾广场结合疏散楼梯可以达到最佳的疏散效果。防灾广场不仅能有效地缓解火灾发生时疏散楼梯的人员荷载,还能够极大地改善地下空间的环境。

(1) 防灾广场可以将室外的新鲜空气与阳光引入室内,改善室内环境。其次,防灾广场的设置可使人员疏散过程变为:危险处—疏散走道—防灾广场,人们可在短时间内迅速疏散到室外,这提高了疏散效率。另外,设置防灾广场,有利于地下综合体结合防灾广场组织防火分区,并能通过防灾广场满足规范对于防火间距的需求。

(2) 防灾广场的设置原则。防灾广场应与疏散通道直接相连,并尽可能做到平直;与防灾广场连接的疏散通道应该具有较高的安全等级,建造防灾广场应选用耐火等级高的材料。

(3) 防灾广场的平时形态。在日常使用时,防灾广场要能将外界的阳光和新鲜空气引入到封闭的地下建筑中,平时应是地下综合体中最能吸引人流集中的场所。

2. 垂直疏散路线的设计

人们通过垂直出口就可抵达地面,垂直出口是地下综合体中整个疏散过程中最后一个部分。安全疏散楼梯设计、布置得当与否直接关系到整栋建筑物中人员的生命安全。

(1) 安全疏散楼梯的形式。要合理调整楼梯的尺寸,如增大踏步的宽度,降低每级踏步的高度等措施,可在一定程度上减轻人员疏散的疲劳感,同时通过增加楼梯间的数量,可以缩短疏散时间。

(2) 防烟楼梯间。为了提高楼梯的安全等级,可在封闭楼梯间的基础之上增设一个前室和一道防火门,形成一个防烟楼梯间。前室空间和两道防火门能够有效地防止烟气对疏散楼梯间本身造成的侵害。

当楼梯间内发生人流拥挤堵塞时,前室还可起到缓冲的作用。因此将设有前室的楼梯间称作防烟楼梯间,将前室称作疏散路线上的第二安全区。防烟楼梯间作为主要出口应设置消火栓、应急灯以及机械通风和通信系统等设备。

(3) 自动扶梯。地下综合体中常设有大量的自动扶梯,原则上,这类自动扶梯一般不能作为火灾发生时的疏散通道使用。但许多火灾案例显示,在火灾发生初期,人们在疏散时往往有"回返"的行为,自动扶梯此时作为地下建筑物内人员最熟悉的路径,担负着大量人流疏散的任务,即使地下建筑内断电后扶梯停运,人们依旧可以沿着自动扶梯上下,可减少疏散时间。所以,在设计自动扶梯时,应注意采用一定的技术措施,使其具有断电或感受火灾后自动锁死卡紧阶梯的功能,防止在火灾发生时,电梯出现滑脱等故障;如自动扶梯不能直通室外,应在自动扶梯口设置疏散口标志。

3. 基于行为心理的安全疏散策略

疏散的根本目的是使人员在安全疏散时间内到达安全地带。适当的疏散设计能够缓解人员在面对火灾时的负面心理和情绪,帮助人群安全快速疏散,减少不必要的伤亡。综合考虑火灾时人员的心理和行为特点,疏散设计策略有以下几方面:

(1) 简单易懂的空间组织。对于人流量较大的地下建筑,首先布局应尽可能简单、清晰,空间布置宜完整、层次应清晰,具有易识别性;其次,平面中通道和走廊不宜有过多的曲折,应尽量简洁。通道两边都应设置疏散楼梯和安全出口,尽量减少袋型走廊;应将主要通道交汇处的空间适当放大,既能提高空间的可识别性,又有利于防火疏散。

(2) 疏散标志及应急照明。大型地下综合体建筑内部流线较为复杂,人们必须依靠疏散标志识别安全疏散通道的位置。若在地下建筑火灾情况下,大量的浓烟会使内部可见度变得极差,疏散标志往往难以辨认,故而醒目、易懂的疏散标志和应急照明的合理设置非常必要。美国"9·11"事件中,18 000多名幸存者顺利逃脱,采用了荧光材料的疏散标志和应急照明系统起了很大作用。

(3) 声音引导系统。相对于视觉会受火场环境影响,听觉受火场环境影响较小,所以可以采用智能报警系统和扬声系统来指导疏散,在火灾检测系统监测到火情的第一时间发出警报,提示人员迅速撤离。在疏散时,通过在疏散通道设置声响定位装置发出警报,使受困人员根据声音判断出疏散路线和方向。对于某些听力有障碍的人来说,还应以视觉疏散系统为主,扬声系统应和发光疏散标志结合使用,以达到最佳的疏散效果。

(4) 智能逃生系统。大型地下建筑内部在发生火灾时,有时会因设备故障出现疏散系统盲区,在受困人员无法得到疏散标志和声音导向系统引导的情况下,智能逃生系统还可以通过通信设备将受困人员所处位置、建筑平面图以及最佳逃生路径发送到受困人员随身携带的手机上,受困人员可根据手机的导航功能实现快速有效的疏散。

(5) 中庭空间引入自然环境。庭院式的中庭空间还能通过铺地、绿化以及水体等的景观小品的设计,取得良好的景观视野,增加地下建筑的自然性,改善人们在地下建筑中的心理不适感。例如,世博轴作为某园区内的主要交通轴线,为了解决其地下空间的舒适性和安全性问题,利用地下中庭引入自然环境,还在中庭设置了阳光谷,通过阳光谷的特殊材质和形态,能将自然光线有效地透射到地下空间内,其特殊的体型还能将风引导入地下,加强了世博轴地下空间的通风效果。

1.5 超高层地下空间的运营复杂性与安全

1.5.1 超高层地下空间运营功能的多维性

1. 地下综合体

城市地下综合体一般包括轨道交通及其换乘枢纽、地下停车库、地下通道、地下轨道交通隧道、出入口的地面建筑、商业文娱设施等,还包括综合体的设备用房及防灾办公室和控制中心。

2.地下综合体的类型

地下综合体的类型主要有城镇新建的地下综合体、与高层建筑群结合的地下综合体以及城市广场地下综合体。

3.地下综合体的空间组合方式

(1)城市地下综合体空间及功能组合功能。目前城市地下综合体发展应满足未来的城市建设需要,且应对未来城市发展留有一定余地。城市地下综合体的功能空间组合方式如图1-5所示,图中体现了城市地下综合体的入口、步行街与地铁车站功能空间的联系,其基本流线是人员从入口进入地下步行街或地铁车站,再由地铁车站转移到另一个城市地下综合体,从而起到转移和疏散人流的作用。

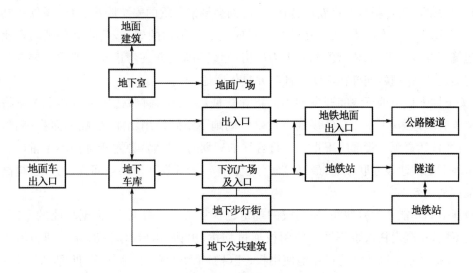

图 1-5 城市地下综合体的空间组合方式

(2)城市地下综合体竖向空间组合。城市地下综合体除平面所占面积较大之外,通常通过竖向组合的方式来完成它应包含的功能,基本关系是人流首先进入地下步行街,然后由步行街进入深层地铁车站,再进行转移;车由入口进入地下车库,存车后人员从车库进入地下街,或返回地面街道、地面建筑。

4.城市地下综合体平面空间组合

(1)线条形组合形式是我国实施较多的类型之一,可充分利用城市街道的地下空间,但受城市街道及周边现存建筑、地面道路影响较大。线条性组合分走道式组合、穿套式组合以及串联式组合。

(2)集中厅式组合。城市繁华区域的广场、绿地、公园、大型交叉道路中心口等公共地下空间较多选择该组合形式。具备地下中间站厅、步行街集散厅等功能的地下综合体也较为常见。集中厅式组合分圆形、矩形、不规则形等。

（3）辐射式组合。常由线式组合及集中式组合而成,具有向外扩展的形式特征。辐射式组合分三角形、四边形、多边形等。

（4）组团式组合。不同的独立的建筑空间通过不同的形式紧密联系在一起的组团式组合,由形式相同但功能类似的空间相互并联在一起。组团式组合分多轴组团、单轴组团以及环形组团。

1.5.2 超高层地下空间运营功能的多变性

城市地下空间毕竟不能代替地上空间,而只能作为地上空间的扩展或补充,二者应统一起来,要充分考虑城市的哪些功能和城市居民的哪些活动最适合在地下空间中实现和进行。在地下空间运营过程中,由于很多原因,建筑的功能也会变化。地下空间功能如有改动,还必需到相关部门进行报备并重新进行审批,否则会带来严重的安全隐患。如,餐饮类功能空间,由于在明火方面有要求,所以在消防设计时也会有不同的规定,其防火分区面积比其他功能建筑要减少一半,消防措施相对更为严格;储藏功能建筑在考虑设计要求时要与其储藏物品的类别紧密关联,同样在消防设计时要具体考虑。

《关于加强城市地下空间开发利用的指导意见》文件中强调,任何单位和个人不得擅自开挖建筑底层地面,不得改变经规划审批确定的地下空间使用功能、层数和面积;确需改变的,应当经自然资源主管部门审批。不符合详细规划的,自然资源主管部门不予批准。为促进城市地下空间建设互联互通,鼓励竖向分层立体综合开发和横向空间连通开发,提高地下空间整体利用效率。

地下空间功能在运营期间,使用权的规定也很复杂。一般而言,根据功能的不同,其使用方也不同,安全责任人也不同。使用权通过划拨、出让、租赁、作价出资(入股)等方式获得,开发商把地下空间所涉建设用地使用权、建(构)筑物所有权、地役权、抵押权以及其他不动产权利依法办理不动产登记,登记后依法转让、出租和抵押,把地下空间的使用权交到相应使用方手中。

1.6 超高层地下空间的主要风险

城市面临的灾害主要有自然灾害和人为灾害。自然灾害主要包括地震、洪水、海啸等,人为灾害主要包括火灾、交通事故、恐怖袭击、战争灾害等。除火灾和洪灾之外,超高层地下空间对上述其他各类灾害的抵抗能力都高于地面建筑。因此,城市超高层地下空间将成为居民抵御自然灾害和战争灾害的重要场所。

超高层地下空间抵御灾害能力相对较强,并不意味着其中发生的各种灾害进行研究和防治的工作可以放松,相反,随着超高层地下空间的大面积、大规模、深层次开发,其中各类灾害的出现也有上升的趋势,相应的防灾减灾工作更不能有所松懈,必须全面地开展各种灾害的研究、防治工作,逐步完善、建立系统的城市超高层地下空间防灾减灾体系。

超高层地下空间存在的可识别的风险很多,本书主要阐述的风险包括火灾风险、洪涝灾害风险、地震灾害风险以及空气污染风险。

1.6.1 火灾风险

随着超高层地下空间建筑的开发利用,消防工作面临新的挑战和压力。建筑功能的复杂性,又增加了消防管理的难度。

周健在超高层地下空间防火设计性能评估标准的选择中指出,地下商业建筑的防火问题是建筑消防的难点和重点,具体表现在以下 5 个方面:

(1)地下建筑空间封闭的环境使得发生火灾时燃烧不充分,燃烧产生的烟气量和烟气毒性都很大。

(2)地下环境处于地面高程以下,人员的疏散有一个垂直上行的单向流过程,严重影响人员的疏散速度。

(3)疏散路线和烟气及热气自然流动的方向一致,因此,人员的安全疏散必须在烟气汇集之前完成。

(4)封闭的室内空间中,绝大部分人员对内部布局和疏散路线不熟悉,容易迷失方向,而且由于火灾造成的恐慌和恐惧心理致使行动混乱。

(5)从报警到完全疏散的时间差很短暂,实现安全疏散的难度非常大。

综合来讲,超高层地下空间建筑的防灾救灾政策应从以下几方面展开:

(1)地下建筑防火设计。从地下建筑布局进行防火设计,重点关注防火分区、防烟分区、安全出口的数量与位置、疏散通道、防烟楼梯、照明设施、防灾中心和广播系统等重点防火对象。

(2)地下建筑火灾扑救对策及防火评估目标。建立健全消防组织机构和严格的消防安全管理制度,制定详细的自救方案和人员疏散方案,并定期进行演练,提高自防自救能力。将性能化防火评估技术与建筑的实际情况紧密结合,建立明确的防火性能化指标,对防火效果进行定量分析和控制,使防火方案设计更加科学合理。

(3)消防系统及火灾监测预警系统的建立。建立可靠的火灾预警体系和消防系统。完善消防管理制度。

随着超高层地下空间建筑的开发利用,消防工作面临新的挑战和压力。孔军等人在研究超高层地下空间的火灾特点,分析了超高层地下空间火灾与地面建筑空间火灾相比具有的特点:火灾性状及烟气流动的特异性,换气上的制约和烟控制上的困难性,人员避难的困难性,灭火、救助活动的困难性,情报传递的困难性等;并提出了防火系统的评价指标(表1-1)。

表 1-1　防火评价系统

一级指标	二级指标	三级指标
火灾感知	准确检知火灾状况	检出信号准确送出,装备体系依赖性,装备体系机能的保全,使用环境的适合性,合适的设置位置
火灾确认	收集追踪火灾情报的机能	自动确认火灾的机能,装备体系依赖性,装备体系机能的保全,使用环境的适合性,合适的设置位置
信息联络	室内和防灾中心的情报双向传递能力	防灾中心内的情报传递能力,防灾中心和地面的情报双向传递能力,装备体系的方便性,装备体系机能的保全,使用环境的适合性,合适的设置位置
防止火灾扩大蔓延	防烟、防火分区的恰当性	分区设施的性能,装备体系依赖性,装备体系机能的保全,使用环境的适合性,合适的设置位置
避难	避难诱导	建筑物使用状况的把握,人员避难诱导的传送,避难环境的设置,避难器具的性能,装备体系依赖性,装备体系机能的保全,使用环境的适合性,合适的设置位置
	避难排烟	排烟系统的适合性,排烟的控制性能,装备体系依赖性,装备体系机能的保全,使用环境的适合性,合适的设置位置
	避难残留人员检索	检知残留人员的装备性能,正确传送检出信号的性能,装备体系依赖性,装备体系机能的保全,使用环境的适合性,合适的设置位置
	灭火	确保消防用水的能力,确保消防必要电源的能力,消防装备的性能,装备体系依赖性,装备体系机能的保全,使用环境的适合性,合适的设置位置
	复旧	复旧场所的判断,安全性的确认,复旧方法的正确性

1.6.2　洪涝灾害风险

超高层地下空间室内地坪位于设计相对标高±0.000以下,当发生洪灾时,在自然状态下并不具备防洪能力,易成为城市主要的内涝点,由于灾害性气象频发,超高层地下空间的防汛安全越来越多地引起人们的关注。

1. 城市洪涝灾害的特征

随着城市化进程的不断加快,城市洪涝灾害的成灾特性发生了根本性的改变。

(1) 城市洪涝灾害发生频率与强度增加,洪涝灾害成灾风险提高。一方面,城市化引起的热岛效应致使城市降雨频率和强度增加;另一方面,不透水路面面积的增加与地表植被的减少,道路排水系统的密集,导致了汇流时间短,洪峰流量大,汛期洪灾频率、强度及影响范围增大。

(2) 不恰当的人类活动加剧城市洪涝灾害的程度。城市建设中出现的非法侵占河道、随意填埋水面,过量开采地下水和地面附加荷载造成大面积沉降,导致河流泄洪能力降低,湖泊蓄水面积减少,加剧了灾害强度。

(3) 城市洪涝灾害造成的经济损失巨大。城市经济类型多元化及资产的高密集性和高价值性,致使城市的综合承载能力脆弱。

2. 超高层地下空间洪涝灾害特征

(1) 超高层地下空间洪涝灾害成灾风险大。超高层地下空间具有一定的埋置深度,通常处在城市建筑层面的最低部位,对于地面低于洪水位的城市地区,由洪涝灾害引起的超高层地下空间成灾风险高。

(2) 灾害发生具有不确定性、难预见性和弱规律性。相对于城市地面建筑空间,超高层地下空间为隐蔽空间,建设和管理的不确定性和受灾风险都高于地面空间。灾害发生的原因呈多样性,灾前也缺少明显的自然警示现象,缺少规律,加上防洪设施和管理不完善,灾害发生难以预见。

(3) 灾害损失大、灾后恢复时间长。城市超高层地下空间功能的多样性和重要性的演变,大型城市综合体(如地下城)和大型城市公用设施(地下变电站、共同沟等)的出现,加上超高层地下空间规划的连通性,城市承受洪涝灾害能力的脆弱性和超高层地下空间自身抵御洪涝的脆弱性,导致灾害一旦发生,短时间内人员、车辆和物资难以快速疏散和撤离,甚至发生相关联的次生灾害。同时,超高层地下空间日常运营管理的配套设备也位于水下,淹水后易造成损害,地下排水设施损坏或区域排水能力不足,致使灾损无法控制和灾后恢复需要相当长的时间。

3. 超高层地下空间防洪安全研究现状

(1) 相关法规、标准和规范。目前,我国的规范和标准对超高层地下空间的防洪标准没有明确的规定,设计过程中一般参照地表防洪规范,但地表与超高层地下空间等方面的差异使地表防洪规范难以适应超高层地下空间防洪。某些发达国家,防治城市内涝早已上升到法律的高度,比如,法国巴黎城市的排水法律体系相当完善;美国具有强制性应对城市洪水和内涝的法律制度,针对洪涝灾害防范、治理措施以及问责手段,规定得相当详尽;德国的城市内涝保险法是一项重要防治内涝的举措,不仅减轻了政府的防洪负担和压力,也培养了公民的防洪意识;日本的下水道法对下水道的排水能力和各项技术指标都有严格规定。这些较为成熟和规范化的超高层地下空间建设和管理举措,为我国城市超高层地下空间的科学发展提供了参考和借鉴。

(2) 规划设计情况。超高层地下空间具有不同于地面环境的特点,必须充分利用其有利的环境特点,最大限度地克服不利因素。目前已有的超高层地下空间防洪设计方面的研究,多为一些宏观的指导建议,并未根据洪水扩散机理进行深入研究,难以较科学地指导超高层地下空间内部的防洪布局设计。

(3) 防洪安全评估现状。超高层地下空间的防洪安全分析包括洪水灾害致灾因子研究、洪水的水力特性研究及超高层地下空间洪水灾害风险评估。已有的研究是通过评估洪水灾害发生时人体受困、站立失稳、行走受阻等风险,讨论超高层地下空间洪水入侵时的避难路径选取,以及分析洪灾发生时超高层地下空间入口处水流强度及其变化规律,模拟超高层地下空间内部洪水入侵过程(水位、流量)。这些研究在一定程度上定量分析了超高层地下空间的防洪风险,对今后超高层地下空间防洪规划、设计等均具有科学价值和指导作用。

国际上较为通用的评价指标分级为美国国防部制定的"系统安全要求计划",风险等级标准包括风险程度分类、风险发生的概率等级、风险损失等级和风险评估矩阵。

4. 超高层地下建筑空间防洪安全研究发展趋势

(1)相关法规政策研究。围绕城市超高层地下空间防洪设施建设标准、应急处置机制、相关部门责任和追究方面,制定和完善相关政策法规。

(2)在超高层地下空间规划与设计时,应充分考虑当地的地形、降雨、洪涝灾害等因素,合理选择经济安全的结构形式。规划设计需保证超高层地下空间出入口结构合理性,并结合适当的防淹措施;加强和完善挡排水系统的建设,使其在洪水侵袭时能充分发挥作用;同时,还要加强超高层地下空间的防渗防漏设施。

(3)防洪安全分析。防洪安全分析除了依据有效的防洪标准外,还需要进一步了解超高层地下空间洪水灾害的致灾因子,增强超高层地下空间防水能力分析、排水能力分析、出入口挡水能力分析和防洪应急准备。

(4)应急管理。根据城市具体情况,规划防汛排涝组织机构、抢险队伍、物资设备、通信保障等,结合洪水风险区划,对高风险洪水淹没区制定应急预案,普及民众防洪减灾知识,全面提升超高层地下空间的防洪应急能力。

5. 地下空间防洪工程措施

城市超高层地下空间防洪工程措施有挡水系统、排水系统、地下储水系统、应急设备等,详细分类如表1-2所示。

表1-2 城市超高层地下空间防洪工程措施

防洪工程措施	详细分类
挡水系统	超高层地下空间现状防洪要求、超高层地下空间防洪挡水系统
排水系统	截水沟、集水井、排水管道和排水泵
地下储水系统	地下调节水库、地下行洪道、地下河、超高层地下空间暴雨储藏隧道
应急设备	防淹门、连通口挡水闸板、集水井和排水泵

1.6.3 地震灾害风险

目前,我国的地下抗震研究主要集中在结构方面,规划层面的抗震研究考虑的是地面疏散干道和避难场所的规划,而对超高层地下空间总体抗震考虑的内容相对较少。

与地面结构相比,地下结构被岩土介质所包围,对其结构自振具有阻尼作用,并为结构提供了弹性抗力,以限制其位移的发展。因此,在相同地震烈度条件下,同一地点地下建筑的破坏程度要比地上建筑轻。但是超高层地下空间抗震也有其不利因素,如超高层地下空间抗震研究理论复杂;由于超高层地下空间的密闭性,使得它与地面的连通较少,对新鲜空气的获取只能依赖于通风系统和有限的几个孔口(如出入口、通风口等),所以超高层地下空间的有效使用需要地面辅助设施的有力支撑,在出入口堵塞、人员无法逃到地面的情况下,通风系统的正常运转也就成了超高层地下空间人员能否生存的关键;强震情况下超高层地下空间结构同样会遭受严重损害。

1.6.4 空气污染风险

超高层地下空间的空气污染风险,主要问题集中在空气不流通、污染物聚集,空气质量可能超标;环境湿度大、微生物滋生和监管不到位等几个方面。地下商场是大众休闲购物的场所,人员流量大,污染源主要来源于商场装修材料、经营商品类型和人类活动带来的,与人体健康密切相关的污染物。目前,我国尚无统一的超高层地下空间环境质量监测评价标准,有些标准沿用的是大气环境标准。

1. 地下建筑空气污染来源

根据研究,地下建筑空气污染主要来自以下几个方面。

(1) 放射性污染及有害气体。地下建筑气体污染主要包括各种氡及其子体等放射性污染,挥发性有机物(VOC)、甲醛、二氧化碳等有害气体污染。地下建筑空气中的氡主要来自岩石、土壤、地下水、建筑材料和室外空气等。地下建筑空间的 VOC 主要来自各种建筑材料、装饰材料、家具、有机涂料、油漆等。

(2) 微生物污染。地下建筑空间微生物污染主要因湿度大、温度适宜、通风不畅所致。

(3) 固体颗粒物的污染。地下建筑空间内部空气中固体颗粒物来源视环境不同而产生差异。一般超高层地下空间空气中颗粒物来源主要是空调、通风系统气流组织不合理,人员携带和行走扬起的尘土等。对于普通超高层地下空间,首先应保持空间内的环境卫生,减少室内烟雾的产生,加强通风,对室外送入空气进行过滤及通风空调系统合理的气流组织等。

2. 室内污染物的净化手段

常用室内污染物的净化手段主要有污染源控制、通风稀释和复合净化三种,其中污染源控制是最根本的手段。采用全面通风排除空气污染物是地下空间最简便易行的方法,但势必造成较大的能耗。在工作区域宜采用复合净化技术手段进行局部净化,这样既可以减少运行能耗,又可以提高工作区域的空气质量。

3. 室内空气品质评价

室内空气品质评价是认识室内环境的一种科学方法,是随着人们对室内环境重要性认识不断加深而提出的新概念,它采用数量化手段对室内环境诸要素进行分析,综合主、客观评价对室内空气品质进行定量描述。评价的目的在于:掌握室内空气品质状况和变化趋势,以开展室内污染的预测工作;评价室内空气污染对健康的影响,以及室内人员接受的程度,为制定室内空气品质标准提供依据;研究污染源(建材、涂料)与室内空气品质的状况关系,为建筑设计、卫生防疫、控制污染提供依据。

参考文献

［1］孔令曦.城市地下空间可持续发展评价模型及对策的研究[D].上海：同济大学,2006.

［2］杨裕明.城市地下综合体施工安全风险评估体系及其应用研究[D].福州：福州大学,2017.

［3］周伟.城市地下综合体设计研究[D].武汉：武汉大学,2005.

［4］刘毅.城市地下综合体环境中的疏散行为研究[D].福州：福州大学,2018.

第2章

高流动性人群地下空间
火灾防控与疏散技术

2.1 概述

地下空间在给人们的日常生活和交通出行带来便利的同时,也存在着多种安全隐患。地下空间因其自身结构上的一些特点,如对外出口少、空间相对封闭、通风口面积小、自然排烟困难等,使其一旦发生火灾,将可能严重威胁到人们的生命财产安全,酿成重大事故。通过前期的调查研究,地下空间火灾及灾害特点如下。

1. 地下公共空间火灾特点

(1) 从地下公共空间的空间结构角度来看,地下公共空间的封闭性较强,在安全消防设计方面,它和超高层建筑是类似的。地下公共空间整体属于大跨度空间,无论是换乘还是火灾疏散,在其内部人员都要行走很长一段路方可抵达安全出口处,这无形中延长了疏散距离;在空间节点设计上多采用中庭等多层贯通空间,增加其内部的连通性,但也增加了其防火安全的困难度,在发生火灾时,烟气若不能被有效控制,便会无限蔓延到各层空间内,影响范围较大。

(2) 从火灾等危害发展态势来看,地下公共空间发生火灾不易被发现、不易被扑灭。其内部空间较大、较复杂且识别性较低,人们处于内部不能完全掌控整栋建筑,只有临近火源时才能察觉;尤其在火灾初起时,空间内氧气含量相对较少,可燃物处于引燃阶段而常常被忽视,直到火势发展到不可收拾的地步才被发现,但往往为时已晚。

2. 地下空间火灾事例

世界火灾统计中心的相关资料表明,每年火灾在全球范围内发生 600 万～700 万起,每年在火灾中死去的人数高达 6.5 万～7.5 万人。在新中国成立初期,城市化水平和经济发展水平较低,火灾总量和直接经济损失相对较低。20 世纪 50 年代,火灾直接经济损失平均每年为 0.6 亿元,60 年代年均值为 1.4 亿元,70 年代年均值为 2.4 亿元,80 年代年均值为 3.2 亿元,90 年代,我国进入快速发展阶段,火灾损失也急剧上升,年均值为 10.6 亿元,21 世纪火灾损失年均值高达 15 亿元。虽然特大火灾的数量呈下降趋势,但由于城市超大空间建筑的蓬勃发展,发生在高层、超高层、地下空间建筑内的火灾次数明显增多,增加了火灾中人员自救以及被救的困难度,群死群伤现象成为火灾事故不可忽视的问题(表 2-1)。

表 2-1　国内外地下空间火灾事故案例

时间/年	地点	事故原因	死亡人数/人	受伤人数/人	经济损失
1969	北京地铁万寿站—五棵松站	电动机车短路	8	300	100 多万元
1980	静冈市地下街	燃气爆炸	15	222	—
1987	伦敦 Kingcross 地铁站	站内木构件起火	31	180	—
1995	阿塞拜疆巴库地铁	设备起火	588	269	—
1995	东京	恐怖袭击	12	3 000 多	—
1999	德国科隆地铁	地铁碰撞	67	7	—
2003	韩国大邱地铁站	人为	198	146 人受伤,289 人失踪	损失 47 亿韩元,12 车厢烧毁
2005	巴黎地铁	车厢电路短路	19		—
2010	白俄罗斯明斯克地铁	恐怖袭击	15	200 多	—
2012	釜山地铁	地铁追尾		100 多	—
2012	上海地铁	停车场坍塌	5	18	—
2017	香港地铁	人为		18	—

由地下空间的火灾案例可见,事故所造成的损失之重、伤亡之多令人触目惊心。

为提高地下空间的防火防灾能力,减少其内的火灾事故及人员伤亡,研究学者在地下空间防火安全方面进行了相关研究,较为普遍且受到关注的研究主要集中在以下四个方面:火灾场景,结构抗火,疏散逃生,火灾预警及消防场景设计。

(1) 火灾场景是指发生火灾时,建筑空间内可能的温度分布情况。一个完整的火灾场景应包括两方面的内容:

① 火灾曲线。代表了火源点最高温度随时间的变化规律,反映出火源点处温升速度、最高温度以及火灾持续时间等重要参数,能够为火灾发展态势评估以及灭火疏散救援工作的开展提供有效的参考和依据。

② 温度在空间上的分布规律。由于温度分布受空间形状的影响较为明显,同时,在火灾情况下不易实测得到温度在空间上的分布规律,目前常用火灾曲线来简化描述火灾场景。

目前,在上部建筑中使用最为广泛的火灾曲线为 ISO 834 标准温度-时间曲线,其描述的为典型建筑物火灾,燃料材料为纤维质材料(如木材、纸、织物等)。由于地下空间较为封闭,产生的热量不易散发,而聚集的热烟气层的辐射又使得火灾增长速度明显增加,同时地下空间内的燃烧材料极有可能为油类等易燃品,燃烧速度快,火灾荷载大,因而上部建筑中使用的火灾曲线对于地下空间火灾的适用性较差。基于火灾试验成果,国外建立了一些能够反映地下空间特别是隧道火灾特点的曲线,如 RWS,RABT,HC,Runehamar,BFD 曲线等。如图 2-1 所示,这些曲线尽管形状各不相同,但都体现了地下空间内火灾升温速度快、达到的最高温度高、持续时间长的特点,且基本上都远严格于 ISO 834 曲线。

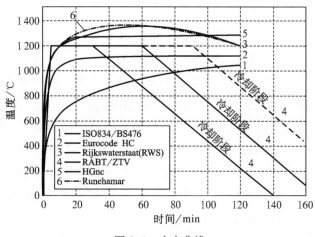

图 2-1 火灾曲线

(2) 结构防火。在结构防火中,混凝土材料是地下大空间结构的主要材料,对于地下大空间结构、关键部分构件抗火研究还很匮乏。作为建筑结构专业混凝土材料方向的研究人员,应该对混凝土材料的抗火问题极为关注,如何确保混凝土材料的良好抗火性能,火灾发生后,如何确保混凝土材料的损伤程度及火灾造成的人身财产损失最小,是需要持续研究的课题。

普通混凝土(NSC)的多孔性、其自由水含量及紧密结合水含量均有助于实现良好的抗火灾高温性能。然而,有研究显示,普通混凝土遭受火灾高温作用后可能发生爆裂损伤。在实际火灾中,木结构和钢结构会遭遇严重火灾损伤而容易直接导致整个建筑结构完全毁坏,而混凝土遭受火灾后会出现强度损失或者开裂等高温损伤,但不会立即发生爆裂而引起整个结构毁坏,经过灾后修补,混凝土建筑结构一般可正常使用。从这方面来讲,普通混凝土被认为是抗火性能较好的建筑材料。

相比于普通混凝土材料,高性能混凝土(HPC)的水胶比较低、抗压强度较高且内部结构更加密实,其遭受火灾高温后是否会发生严重的强度损失或者高温爆裂而导致混凝土结构发生严重损伤呢? 研究结果显示,遭受火灾高温作用后,高性能混凝土的抗火灾高温性能与普通混凝土不同。所以,高性能混凝土在实际工程中使用时需要考虑其抗火性能,尤其对于有抗火性要求的建筑结构,更需要采取措施改善其抗火性能,目前最广泛的方法是掺入钢纤维、聚合物纤维或者二者混杂掺入。

目前,国内外对超高性能抗火灾高温性能的研究逐渐增多,但依然无明确的研究报道超高性能混凝土抗火灾高温性能特征及高温爆裂机理。此外,既有的 HPC 高温性能研究成果,是难以适用于超高性能混凝土的。所以,超高性能混凝土的抗火灾高温性能,尤其是其高温爆裂性能,必须进一步开展试验研究,表征其爆裂行为特征,探求高温爆裂的发生机理,进而建立防高温爆裂的技术措施。对地下公共空间火灾条件下超高性能混凝土构件和足尺火灾模型试验设计进行研究,可为高温性能响应和物理力学性质分析提供研究基础。

(3) 疏散逃生。疏散是指将密集的人员、物资、工业分散转移的行动。在地下公共空间火灾疏散逃生中,高流动性人群的有效疏散是减少人员伤亡和社会影响的重要保障。在地下空间发生灾害时,政府动员和组织受灾民众有序地先从受灾害严重的地区转移到安全避难区域,进而从地下撤离到地上,这是地下空间应急疏散的主要思路。运用 FDS 等技术成熟的模拟软件,对地下公共空间火灾条件下安全疏散问题进行研究,可以更直观、系统地了解地下公共空间烟气流动规律,为地下公共空间的防火设计提供一定借鉴。

(4) 火灾预警及消防场景设计。地下公共空间的火灾预警和消防场景设计的研究还处于发展和完善阶段。对高流动性地下公共空间火灾预警和消防场景设计进行研究,对探究地下公共空间火灾场景的规范化设计具有重要意义。

通过对地下公共空间火灾条件下的场景设计、结构防火、疏散逃生和性能化防火设计等方面进行研究,有助于形成完整的地下空间火灾安全防控和疏散技术体系。

2.2　城市地下空间火灾危害和防火设计

2.2.1　城市地下空间的火灾危害

1. 地下火灾的起因

大量调查分析表明,地下空间发生火灾的原因主要有电气故障火灾、违章操作、用火不慎以及消防系统不健全等。

(1) 电气故障火灾。地下建筑采光主要依赖人工照明,一般都配置大量通风和空气调节设备,因此地下空间电气设备多,用电负荷大。如果电气设计不合理,或采用不合格的电线电缆接插件,甚至私搭乱接,很容易引起电线电缆短路、用电设备过热,引燃可燃物等而发生火灾。如某地下贸易中心是由于荧光灯镇流器漆包线短路产生高温,烧到连接镇流器的胶质电线和覆盖在上面的可燃物而蔓延成灾。火灾烧毁家电、服装、百货等摊位几百个,过火面积达 5 000 m^2。

(2) 违章操作。危险品存储不当、随意改变电气线路以及违反其他安全生产和管理规定在地下火灾中占了很大比例。如某公司的一次地下橡胶库火灾,就是由于在加固库房的施工过程中违章使用电焊,火花从打开的楼板孔洞落到存放地下橡胶库内的海绵胶板上引起的。这场火灾燃烧了 5 个昼夜,时间长达 103 h。

(3) 用火不慎。地下商场、地下旅馆、地下歌舞厅、地下剧院等场所人员密集,商品、摆设、装修等可燃物较多且分布广泛。如果用火管理不善,如抽烟、随意丢弃烟头、随处使用电炉等,很容易引起火灾,并导致大面积蔓延。

(4) 消防系统不健全。大量的火灾案例表明,消防系统不完备或消防系统管理维护不当,导致火灾时不能及时报警,消火栓或自动喷水灭火系统没有水,防火卷帘不能有效降落,应急照明时间或亮度不够,都是小火演变成大火,并最终造成重大火灾损失的重要原因。

(5) 其他原因。人为纵火、自燃、隧道内车辆相撞等其他原因也是导致地下空间内发生火灾的因素,虽然频率不一定很高,但往往会造成重大人员伤亡或财产损失。如某隧道的一次火灾,就是因为通过隧道时汽车轮胎将路面上的 1 根铁条压得翘起划破油箱而引起火灾。火灾发生时,火势非常迅猛,人员根本来不及逃生,造成 5 人死亡,19 人严重受伤。

2. 地下空间火灾的危害性

在任何一个建筑空间中发生火灾,都直接危及其中人员的生命安全,在地下空间中更为严重。火灾对人的危害主要通过四种效应,即烧伤、窒息、中毒和高温热辐射。同时,疏散和救援难度也相当大。

(1) 高温的危害性。由于地下建筑密封性好、出入口少,发生火灾时室内热量不宜排出且散热困难,环境温度很高。起火房间内温度可达 800~900℃,火源附近温度往往高达 1 000℃ 以上。在高温的长时间作用下,混凝土容易产生爆裂,使建筑结构变形甚至坍塌。高温也可能使可燃物较多的地下建筑内发生轰燃,导致火灾大面积蔓延。另外,高温可对地下建筑内的人员产生灼伤甚至导致死亡,研究表明人在空气温度达 150℃ 的环境中只能生存 5 min。

(2) 缺氧和中毒。由于地下建筑通风和排烟条件相对较差,当发生火灾时容易生成大量的烟气,且烟气滞留在地下建筑内不易排出。地下建筑火灾在燃烧过程中氧气大量消耗,如果通风不好,空气中的氧含量急剧下降,一氧化碳含量增加,容易导致人员窒息或中毒死亡。另外,许多可燃的商品、家具和装修材料在燃烧时会产生大量有毒气体,刺激人的呼吸系统和神经系统,导致人员伤亡。

(3) 疏散困难。

① 能见度低,逃离火场困难。地下设施采光通风条件相对较差,火灾时烟雾多,如果停电后照明无保障,很难顺利找到疏散出口,逃离火灾现场。

② 容易使人失去方向感。在封闭的室内空间中,如果通道布置不合理,缺乏空间位置的标志物,容易使人失去方向感。特别是进入地下商业空间且对内部环境不太熟悉的人,迷路是经常发生的。如果发生火灾,心理上的恐慌程度和行动上的混乱程度要比在地面建筑中严重得多,并且内部空间越大,环境越复杂,这种危险就越大。

③ 地下空间处于城市地面高程以下,人从楼层中向室外的行走方向与在地面建筑中正相反,这使得从地下空间到开敞的地面空间的疏散和避难都要有一个垂直上行的过程,比下行要消耗体力,从而影响人员的疏散速度。同时,自下而上的疏散路线与内部的烟和热气流

自然流动的方向一致,因而人员的疏散必须在烟和热气流的扩散速度超过步行速度之前进行完毕,因此给人员疏散造成很大困难。

(4)火灾救援困难。首先,地下结构中的钢筋网、周围的土或岩石对电磁波有一定的屏蔽作用,妨碍内外信息交流。外部救援人员不容易掌握内部火灾情况,实施救援比较困难。其次,地下空间火灾烟气蔓延迅速,火灾影响范围广,救援人员很难确定真正的火源位置,且很多适用于地上建筑火灾救援的设备和工具,在地下建筑的火灾救援中无法发挥作用。另外,灭火人员为了自身安全,需佩戴空气或氧气呼吸器,同时携带一些灭火器材。由于负重大,通道狭窄,难以接近火源,使灭火剂很难有效地喷洒到燃烧物上,从而影响火灾的扑救。

3. 地下空间防火设计特点

地下空间的防火设计中应该具有比地面建筑更高的防火安全等级和内部消防自救能力,重点表现在以下几个方面。

(1)火灾的早期探测和报警。在建筑防火设计中,火灾的探测和报警功能是由火灾自动报警系统来完成的。根据被保护建筑规模的大小,火灾自动报警系统可分为区域报警系统、集中报警系统和控制中心报警系统三类。这些系统通常都包含火灾探测与报警、报警信息处理和联动控制三大功能。其中,火灾探测与报警由火灾探测器完成,火灾探测器相当于火灾自动报警系统的触觉,不断地监测被保护区域的火灾信息,并把感知到的火灾信息发送到报警信息处理单元;报警信息处理单元就像火灾自动报警系统的大脑,对接收到的火灾报警信号进行分析处理,去伪存真,并根据处理结果给联动控制器发出控制信号;联动控制器相当于火灾自动报警系统的手臂,由它来控制其他消防系统,包括警报装置、事故广播、应急照明、防火卷帘和灭火系统等。火灾自动报警系统各功能单元的协调工作为发现火灾和尽快扑灭火灾发挥重要作用。

对于地下空间来说,火灾的早期探测和报警显得尤为重要,对于及时进行人员疏散、控制火灾规模和减少财产损失具有非常重要的作用。因此,在地下空间的火灾报警系统设计中应适当增加投资,选择高可靠性、高灵敏度的探测器,或者多种探测器组合使用,加强日常维护,使得火灾的漏报率为零。

(2)控制火灾规模及其蔓延范围。在建筑防火设计中,通常采用限制火灾荷载、划分防火分区和设置自动灭火系统等措施控制火灾的发展,防止火灾大面积蔓延。控制火灾发展及其蔓延的范围,对于减小火灾造成的财产损失,减小火灾对人员疏散的影响等具有重要意义,同时也有利于火灾的救援。

在地下空间内,一旦发生火灾应能够将火灾的影响控制在尽可能小的范围内。应该尽量限制可燃物的数量或避免存放易燃物;对于存储可燃物较多的场所,应做好防火分区的划分和防火分隔措施,配置必要的灭火系统和设备;在平面布置中,主要的火灾源应远离人员密集场所,一旦发生火灾不应影响人员疏散的主要通道。

(3)人员疏散设计。地下空间人员疏散设计的研究应该是地下空间防火设计的首要内容。从以上的分析可以看出,人员疏散不是一个孤立的问题,它不仅与疏散出口的数量、疏散宽度以及疏散距离等因素有关,而且涉及火灾时烟气的运动、烟气对人的危害、防排烟系统以及火灾自动报警系统等多方面的内容。

地下空间的疏散设计更应该注重人流疏散路线的合理组织,而不能只局限于疏散宽度和疏散距离等简单的设计指标上。应综合分析不同火灾位置的情况下,疏散线路、疏散通道、疏散出口的合理配置,避免出现局部拥堵。同时,应结合人们日常疏散的行为特点、事故广播和其他疏散引导系统,在有限的疏散出口和疏散宽度的条件下,设计出合理高效的疏散系统。

(4)火灾救援。由于地下空间火灾外部救援实施困难,因此应加强内部自救措施。首先,内部自救主要依靠内部安全管理和值班人员,同时应发挥内部其他工作人员的作用,特别是人员数量较多、规模较大的地下建筑内应有一支训练有素的专业义务消防队;其次,消防值班人员应对地下建筑内的布局和主要通道非常熟悉,了解各消防设施的位置及使用方法;另外,要制订不同火灾情况下的火灾确认、人员疏散和灭火救援的应急预案;最后,应加强日常的消防演练,减少人们对地下火灾的恐惧心理,避免出现人流的混乱。

尽管在地下空间火灾中实施外部救援比较困难,但是外部救援还是非常必要的。所以,合理地设计地下建筑消防监控中心的位置和救援通道也是非常重要的。

2.2.2 现行地下空间防火设计方法

目前,我国与地下空间防火设计有关的规范包括:《建筑设计防火规范》(以下简称《建规》)、《高层民用建筑设计防火规范》(以下简称《高规》)、《汽车库、修车库、停车场设计防火规范》《人民防空工程设计防火规范》《地下铁道设计规范》《公路隧道通风照明设计规范》。通过对上述规范相关条文的整理,可将有关地下空间防火设计的方法归纳如下。

1. 有关规范防火设计的一般规定

(1)托儿所、幼儿园的儿童用房及儿童游乐厅等儿童活动场所和医院、疗养院的住院部不应设置在地下、半地下建筑内。

(2)歌舞厅、录像厅、夜总会、放映厅、卡拉 OK 厅(含具有卡拉 OK 功能的餐厅)、游艺厅(含电子游艺厅)、桑拿浴室(除洗浴部分外)、网吧等歌舞娱乐放映游艺场所不应设在地下二层及二层以下,当设在地下一层时,地下一层地面与室外出入口地坪的高度差不应大于10 m。

(3)地下商场的营业厅不宜设在地下三层及三层以下,且不应经营和存放火灾危险性为甲、乙类物品属性的商品。

(4)地铁地下车站站厅乘客疏散区、站台及疏散通道内不得设置商业场所。站厅及与地铁相连开发的地下商业等公共场所的防火灾设计,应符合民用建筑设计防火规范。

2. 防火分区设计

(1)地下、半地下建筑内的防火分区间应采用防火墙分隔,每个防火分区的面积不应大于 500 m²。当设置自动灭火系统时,每个防火分区的最大允许建筑面积可增加到 1 000 m²。局部设置时,增加面积应按该局部面积的一倍计算。

(2) 当地下商店设置火灾自动报警系统和自动喷水灭火系统,且建筑装修符合现行国家标准《建筑内部装修设计防火规范》(GB 50222—2017)时,其营业厅每个防火分区的最大允许建筑面积可增加到 2 000 m²。当地下商店总建筑面积大于 20 000 m² 时,应采用防火墙进行分隔,且防火墙上不得开设门窗洞口(《建规》第 5.1.1 条和第 5.1.3A 条)。

(3) 电影院、礼堂的观众厅,防火分区允许最大建筑面积不应大于 1 000 m²。当设置有火灾自动报警系统和自动喷水灭火系统时,其允许最大建筑面积不得增加。

(4) 人防工程内的商业营业厅、展览厅等,当设置有火灾自动报警系统和自动灭火系统,且采用 A 级装修材料装修时,防火分区允许最大建筑面积不应大于 2 000 m²。

(5) 地铁地下车站站台和站厅乘客疏散区应划为一个防火分区,其他部位的防火分区的最大允许面积不应大于 1 500 m²。

3. 防排烟系统设计

(1) 地下商场、地铁地下车站的站厅和站台以及地下区间隧道应设防烟、排烟设施。

(2) 下列部位应设置机械加压送风防烟设施:①防烟楼梯间及其前室或合用前室;②避难走道的前室。

(3) 下列部位应设置机械排烟设施:①建筑面积大于 50 m²,且经常有人停留或可燃物较多的房间;②总长度大于 20 m 的疏散走道;③电影放映间、舞台等;④除利用窗井等开窗进行自然排烟的房间外,各房间总面积超过 200 m² 的地下室;⑤面积超过 2 000 m² 的地下汽车库。

(4) 需设置排烟设施的部位,应划分防烟分区。每个防烟分区的建筑面积不应大于 500 m²。但当从室内地坪至顶棚或顶板的高度在 6 m 以上时,可不受此限。地铁地下车站站厅、站台的防火分区应划分防烟分区,每个防烟分区的建筑面积不宜超过 750 m²。设有机械排烟系统的汽车库,其每个防烟分区的建筑面积不宜超过 2 000 m²。

(5) 防烟楼梯间送风余压值不应小于 50 Pa,前室或合用前室送风余压值不应小于 25 Pa。防烟楼梯间的机械加压送风量不应小于 25 000 m³/h。当防烟楼梯间与前室或合用前室分别送风时,防烟楼梯间的送风量不应小于 16 000 m³/h,前室或合用前室的送风量不应小于 12 000 m³/h。

(6) 设置机械排烟设施的部位,其排烟风机的风量应符合下列规定:担负一个防烟分区排烟时,应按每平方米面积不小于 60 m³/h 计算(单台风机最小排烟量不应小于 7 200 m³/h);负担两个或两个以上防烟分区排烟时,应按最大防烟分区面积每平方米不小于 120 m³/h 计算。中庭体积小于 17 000 m³ 时,其排烟量按其体积的 6 次/h 换气计算;中庭体积大于 7 000 m³ 时,其排烟量按其体积的 4 次/h 换气计算;但最小排烟量不应小于 102 000 m³/h。地下汽车库机械排烟系统排烟风机的排烟量应按换气次数不小于 6 次/h 计算确定。

4. 火灾自动报警系统设计

以下部位应设置火灾自动报警系统：

(1) 建筑面积大于 500 m² 的地下商店、公共娱乐场所和小型体育场所。

(2) 设置在地下室、半地下室的歌舞娱乐放映游艺场所。

(3) 经常有人停留或可燃物较多的地下室，建筑面积大于 1 000 m² 的丙、丁类生产车间和丙、丁类物品库房。

(4) 重要的通信机房和电子计算机机房，柴油发电机房和变配电室，重要的实验室和图书、资料、档案库房等。

(5) 地铁车站、区间隧道、控制中心楼、车辆段、停车场、主变电所。

(6) 地下车库。

5. 火灾报警与灭火系统设计

以下部位应设置自动灭火系统：

(1) 建筑面积大于 500 m² 的地下商店。

(2) 大于 800 个座位的电影院和礼堂的观众厅。

(3) 歌舞娱乐放映游艺场所。

(4) 停车数量超过 10 辆的地下停车场。

6. 疏散出口设计

(1) 地下室、半地下室建筑每个防火分区的安全出口数目不应少于两个。但面积不超过 50 m²，且人数不超过 10 人时可设 1 个。地下室、半地下室建筑有两个或两个以上防火分区相邻布置时，每个防火分区可利用防火墙上一个通向相邻分区的防火门作为第二安全出口，但每个防火分区必须有一个直通室外的安全出口。人数不超过 30 人且面积不超过 500 m² 的地下室、半地下室，其垂直金属梯可作为第二安全出口。

(2) 地下室或半地下室与地上层不应共用楼梯间，当必须公用楼梯间时，应在首层与地下室或半地下室的出入口处，设置耐火极限不低于 2.00 h 的隔墙和乙级防火门隔开，并应有明显标志。

(3) 地下商店和设有歌舞娱乐放映游艺场所的地下建筑，当其地下层数为三层及三层以上，以及地下层数为一层或二层且其室内地面与室外出入口地坪高差大于 10 m 时，均应设置防烟楼梯间；其他的地下商店和设有歌舞娱乐放映游艺场所的地下建筑可设置封闭楼梯间，其楼梯间的门应采用不低于乙级的防火门。

(4) 歌舞娱乐放映游艺场所不应布置在袋形走道的两侧或末端，一个厅、室的疏散出口不应少于两个，当其建筑面积不大于 50 m² 时，可设置一个疏散出口。

(5) 当人防工程设置直通室外的安全出口的数量和位置受条件限制时，可设置避难走道。避难走道是设置有防烟等设施，用于人员安全通行至室外出口的疏散走道。

7. 疏散设计计算指标

(1) 歌舞娱乐放映游艺场所最大容纳人数，应按该场所建筑面积乘以人员密度指标来计算,其密度指标应按下列规定确定:①录像厅、放映厅人员密度指标为 1.0 人/m²;②其他歌舞娱乐放映游艺场所人员密度指标为 0.5 人/m²。

(2)地下商店营业部分疏散人数,可按每层营业厅和为顾客服务用房的使用面积之和乘以人员密度指标来计算,其人员密度指标应按下列规定确定:①地下一层,人员密度指标为 0.85 人/m²;②地下二层,人员密度指标为 0.80 人/m²。

(3)地铁出口楼梯和疏散通道的宽度,应保证在远期高峰小时流量时,发生火灾的情况下,6 min 内将一列车乘客和站台上候车的乘客及工作人员全部撤离站台。供人员疏散时使用的楼梯及自动扶梯,其疏散能力均按正常情况下的 90%计算。

2.2.3 地下空间防火设计面临的主要问题

1. 地下建筑的特殊性

我国地下空间的开发利用包括两个方面,一方面是对原有的地下空间的开发利用,例如对一些新中国成立初期建造的废弃的人防工程的利用;另一方面是新建的地下空间的开发利用,例如新建建筑地下空间部分的开发利用,或绿地广场地下空间的开发利用。对于原有的一些地下空间建筑,由于建造时还没有出台相应的防火设计法规,因此防火设计方面不完善,而完全按照现行防火设计法规进行改造利用,又不太现实;对于新建的地下空间的开发,由于受到地面规划、园林绿化、道路及市政管线的限制,设计中不可能像地上建筑一样有更大的自由度,因此在防火设计方面常常在某些方面不能达到防火设计规范的要求,同时也说明:在地下建筑防火设计方面,标准、规范的发展滞后于市场的发展。

2. 标准规范的局限性

建筑防火设计中普遍采用的建筑设计防火规范,是长期以来人们与火灾斗争过程中总结出来的防火、灭火经验,同时也综合考虑了制定规范时的科技水平、社会经济水平。因此,建筑防火设计规范在规范建筑物的防火设计、减少火灾造成的损失方面起到了重要的作用。但是,随着建筑行业的发展,当前的建筑防火设计面临着越来越多的挑战。这些挑战一方面来自规范本身的局限性,另一方面来自建筑发展过程中出现的新问题。

排烟风机的风量则与防烟分区的面积大小成正比。在通常的防火设计中,常常结合建筑结构的梁进行防烟分区的划分,当梁间网格为 15 m×15 m 时,排烟风机的风量可为 13 500 m³/h。对于普通办公建筑和可燃物聚集的商业建筑都采用相同的指标来确定排烟量显然不合适,而且防烟分区过小可能不能有效地控制烟气的蔓延,从而给人员疏散造成威胁。

多数规范都要求地下建筑每个防火分区的安全出口数目不应少于两个,其目的是为了保证火灾时,若一条疏散通道被堵,人们可以利用另一条逃生。在实际设计中,由于管理或功能上的需要将一个防火分区分成多个不同的功能分区,每个功能分区有一个疏散出口,但不能保证任何区域的人都有两条疏散路线。

目前,《建筑设计防火规范》(GB 50016—2014)(以下简称《建规》)是防火设计中通用的设计规范,其他建筑设计规范的防火设计部分很多都是参照这部规范提出的。规范中关于地下空间建筑的防火设计主要是针对地上建筑的地下附属部分提出的,主要涉及地下商店、文化娱乐设施等,地下车库的设计主要参考《汽车库、修车库、停车场设计防火规范》。除此之外,《地下铁道设计规范》和《公路隧道通风照明设计规范》中也有部分关于地下空间防火设计的规定。这些关于地下建筑防火设计的规定还比较分散,内容不够全面,没有形成系统化的规范。当前唯一一部针对地下建筑的防火设计规范是《人民防空工程设计防火规范》,但它是针对特定的人防工程提出的,不一定完全适用于当前城市地下空间开发的项目。所以,在当前的地下空间建筑防火设计中可能会遇到多种规范互相参照的情况。这一方面使人们难以对地下建筑防火设计建立起系统化的概念,同时可能会因为相互之间的不一致或不同的理解而难以取舍。

3. 保证人员安全

保证人员安全是建筑防火设计的首要目标。与地上建筑相比,地下建筑具有密闭性,而且由于常常受到地面规划设计的影响,出入口较少或较小。当地下空间发生火灾时,地下建筑内的人员需要及时地疏散到室外地面,是一个由下向上疏散的过程,困难往往更大。

人员的安全疏散问题不是一个孤立的问题,它涉及火灾探测与报警、自动灭火系统、防排烟系统、疏散诱导系统等多个消防子系统,同时还与设计理念、标准规范、技术产品等方面密切相关。

2.2.4 地下空间防火设计的解决之道

我国的建筑防火设计都是按照现行的设计规范进行的。由于防火设计规范不可能考虑各个建筑的具体功能和使用情况,有时会出现建筑物原有的设计功能无法实现;有时会使建筑物的安全等级过高,造成不必要的浪费;有时甚至会达不到应有的安全水平。

针对当前地下空间防火设计中面临的上述问题,有三种可能的解决途径。一是开展针对地下空间建筑火灾的研究,建立一套地下空间建筑的建筑设计防火规范体系;二是以现有防火设计规范为依据,针对具体的问题组织专家论证会对提出的设计方案进行评议,以专家论证会的意见作为设计依据;三是引入新的设计理念。

第一种是最理想的解决途径,一般来说实现的周期较长,难以满足当前地下空间开发利用的迫切需要;第二种通常是解决超规范或规范未涵盖的防火设计问题的主要解决途径,但是由于我国地下空间建筑的开发利用正处在研究阶段,其防火设计还缺乏统一的指导思想,专家们有时很难达成统一意见。第三种解决方法就是引进并吸收国内外先进的设计理念,主要是基于性能的防火设计理念,从防火设计的安全目标和功能要求出发进行地下空间建筑的防火设计。

基于性能的防火设计在国外已发展得比较完善,并建立了性能化设计规范和设计指南。我国的研究人员尽管在该领域也进行了多年的研究,但是目前还没有相关规范或设计指南,所以性能化设计和专家论证相结合应该是解决当前地下空间防火设计的最有效的途径。

2.3 地下公共空间火灾场景的建立及火灾烈度分析

2.3.1 火源位置的设定

经过对某园区地下室建筑可燃物的分布和火灾荷载密度等情况的分析,依据最不利、代表性原则,在以下 4 个典型部位设置了起火点。

(1) 某园区地下一层(Ⅰ—Ⅱ号火源),如图 2-2 所示。

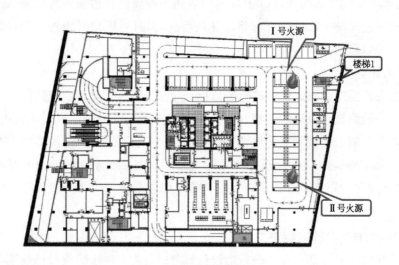

图 2-2 某园区地下一层

(2) 某园区地下二层(Ⅲ—Ⅴ号火源),如图 2-3 所示。

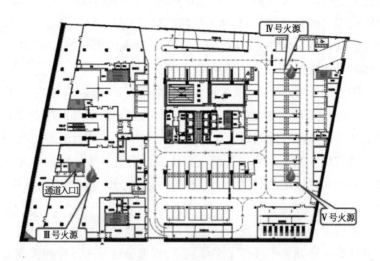

图 2-3 某园区地下二层

1. 火灾增长速度分析

建筑物内一旦发生火灾,必须保证其内部的人员生命安全,并限制火灾的蔓延。通过分析建筑物的空间结构,设计建筑物内典型火灾场景,提取该场景的建筑特征,确定起火部位可燃物的种类,火灾增长系数以及最大热释放速度,从而设定火灾发展曲线。

某园区地下建筑主要作为地下车库使用,主要的火灾也多为地下车库的汽车火灾。全尺寸汽车火灾模拟试验如图 2-4 所示,图 2-5 为汽车燃烧的热释放速度曲线,全面燃烧时期热释放速度约为 4 MW。从保守角度考虑,设定地下车库的热释放速度为 4 MW。

图 2-4　全尺寸汽车火灾模拟试验

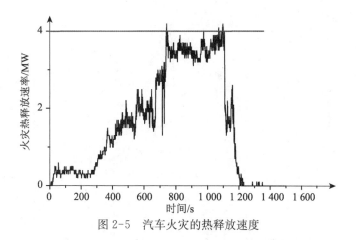

图 2-5　汽车火灾的热释放速度

某园区地下二层有一部分作为商业店铺,主要经营服装。美国商务部标准与技术研究院(NIST)曾进行过三组悬挂衣物火灾试验来分析烟气运动状况。图 2-6 为 NIST 进行的悬挂衣物试验照片,图 2-7 为该试验所得到的火灾热释放速度随时间的变化曲线。

图 2-6　悬挂衣物火灾试验图

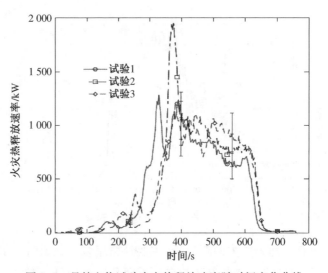

图 2-7　悬挂衣物试验火灾热释放速度随时间变化曲线

2. 火灾规模设定

设定火灾时，一般不考虑火灾的引燃阶段、衰退阶段，主要考虑火灾的增长阶段及全面发展阶段。考虑到本建筑内设有完善的自动喷淋灭火系统，一旦自动喷淋灭火系统启动，对火灾的发展起到极大的抑制作用，火源的热释放速度可能会因喷淋的动作而停止增长，甚至衰减至熄灭。自动灭火系统灭火的有效性取决于以下某些因素，包括：

(1) 灭火系统动作时的火灾规模。

(2) 灭火系统类型，如自动喷水灭火系统、气体灭火系统等。

(3) 灭火系统的特征。

(4) 受保护空间的几何形状。

(5) 燃料的燃烧特性以及堆放的形状、密度。

根据 NIST 开发的 DETACT-QS 软件计算得到喷淋动作时间，从而根据 t^2 公式确定火灾热释放速度。本项目保守地按照负一层的参数代入程序。参数如下：

楼层高度：6.5 m；

吊顶距地高度：6.0 m；

快速标准响应喷头，RTI：50(m · s)$^{0.5}$；

喷头动作温度：68℃；

喷头距离火源中轴线的距离：3 m；

环境温度：20℃；

火灾增长方式：t^2 快速火。

程序计算结果如图 2-8 所示。

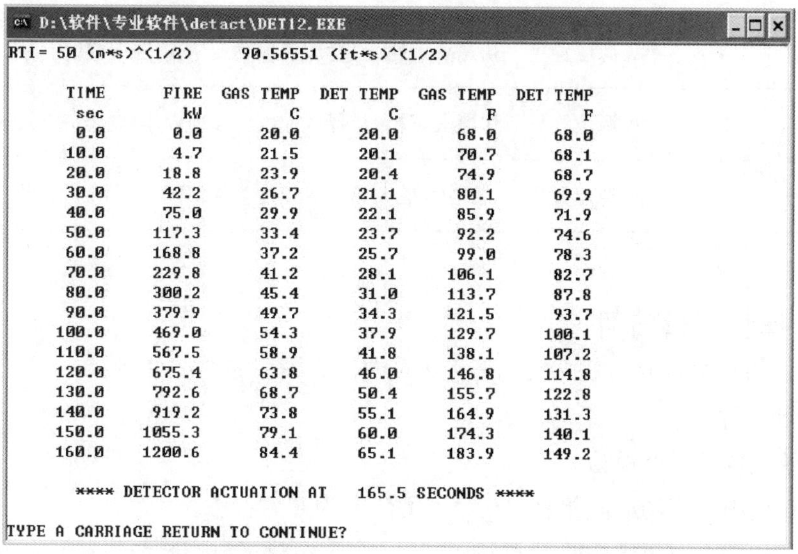

D:\软件\专业软件\detact\DET12.EXE

RTI= 50 (m*s)^(1/2)   90.56551 (ft*s)^(1/2)

TIME sec	FIRE kW	GAS TEMP C	DET TEMP C	GAS TEMP F	DET TEMP F
0.0	0.0	20.0	20.0	68.0	68.0
10.0	4.7	21.5	20.1	70.7	68.1
20.0	18.8	23.9	20.4	74.9	68.7
30.0	42.2	26.7	21.1	80.1	69.9
40.0	75.0	29.9	22.1	85.9	71.9
50.0	117.3	33.4	23.7	92.2	74.6
60.0	168.8	37.2	25.7	99.0	78.3
70.0	229.8	41.2	28.1	106.1	82.7
80.0	300.2	45.4	31.0	113.7	87.8
90.0	379.9	49.7	34.3	121.5	93.7
100.0	469.0	54.3	37.9	129.7	100.1
110.0	567.5	58.9	41.8	138.1	107.2
120.0	675.4	63.8	46.0	146.8	114.8
130.0	792.6	68.7	50.4	155.7	122.8
140.0	919.2	73.8	55.1	164.9	131.3
150.0	1055.3	79.1	60.0	174.3	140.1
160.0	1200.6	84.4	65.1	183.9	149.2

**** DETECTOR ACTUATION AT 165.5 SECONDS ****

TYPE A CARRIAGE RETURN TO CONTINUE?

图 2-8 一层商铺自动喷淋灭火系统探测到火灾的时间

根据喷淋动作时间的计算结果,可以得到火源功率:

$$Q_f = \alpha t^2 = 0.046\,9 \times 165.5^2 = 1\,284.6\,\text{kW} \tag{2-1}$$

在确定火灾最大热释放速度时考虑了 1.2 倍的安全系数,所以负二层商铺火灾的最大热释放速度为 1.542 MW。火源的最大热释放速度汇总如表 2-2 所示,火灾场景设置如表 2-3 所示。

表 2-2　火源的最大热释放速度

火灾场所	最大热释放速度 Q/MW
地下车库	4.000
负二层商铺	1.542

表 2-3　本项目火灾模拟场景设置

研究区域	火灾场景	起火部位	场景条件
地下一层	1	火源位置Ⅰ	快速火,最大热释放速度为 4 MW,防火卷帘有效
	2	火源位置Ⅱ	快速火,最大热释放速度为 4 MW,防火卷帘有效
地下二层	3	火源位置Ⅲ	快速火,最大热释放速度为 1.542 MW,防火卷帘有效
	4	火源位置Ⅳ	快速火,最大热释放速度为 4 MW,防火卷帘有效
	5	火源位置Ⅵ	快速火,最大热释放速度为 4 MW,防火卷帘有效
	6	火源位置Ⅵ	快速火,最大热释放速度为 4 MW,防火卷帘有效

2.3.2　FDS 模型和计算条件

根据提供的 CAD 图纸,建立的地下室建筑的计算模型如图 2-9 所示。

计算初始条件:

(1) 建筑室内外温度设为 20℃。

(2) 建筑内中心广场通向相邻防火分区的门窗为开启状态。

(3) 火灾初期火灾规模按照 t^2 快速增长火,当火源热释放速度增加到最大值后,将保持恒定不变,并保持稳定直到模拟时间结束。

某园区地下室建筑整体模型图

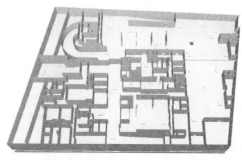

某园区地下室建筑负一层模型平面图

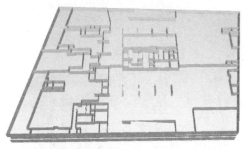

某园区地下室建筑负二层模型平面图

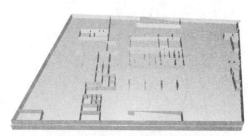

某园区地下室建筑负三层模型平面图

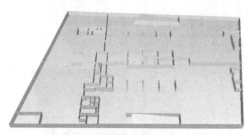

某园区地下室建筑负四层模型平面图

某园区地下室建筑模型剖切图

图 2-9 各研究区域的计算模型

2.3.3 中心广场区域烟气流动性分析案例

1. 火灾场景模拟

（1）火源描述：

火源：Ⅰ号火源；

火灾规模：最大热释放速度 4 MW；

火灾增长类型：t^2 快速增长火。

（2）场景条件：快速火，最大热释放速度为 4 MW。

（3）测点设置情况：该火灾场景下，设置三个烟气层高度测试点，编号分别为 B1-5-2，B1-5-1，B1-5-3；5 个热流计测试点，编号分别为 1，2，3，4，5，设置于距离地面 2 m 处；7 个温度测试点，编号分别为 1，2，3，4，5，6，7，设置于距离顶棚 0.5 m 处。具体布置如图 2-10 所示。

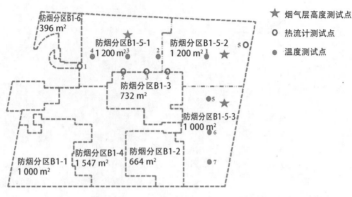

图 2-10　火灾场景 1 测试点布置图

2. 火灾场景模拟结果

模拟结果如图 2-11—图 2-17 所示。

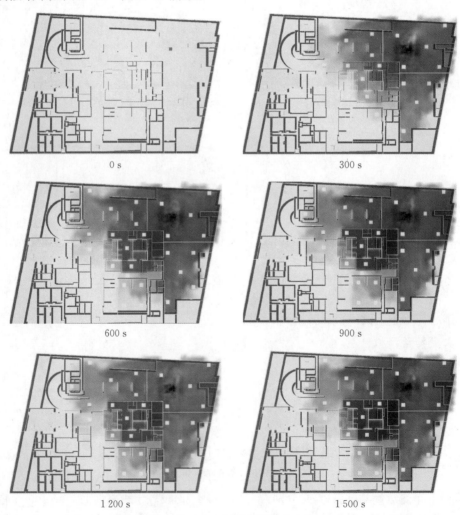

图 2-11　火灾场景 1 烟气分布图

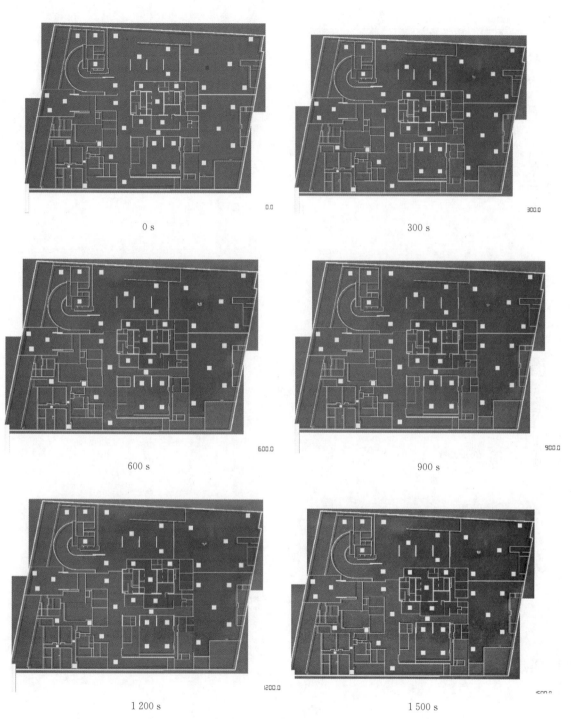

图 2-12　火灾场景 1 距地面 2 m 高度处烟气温度分布图

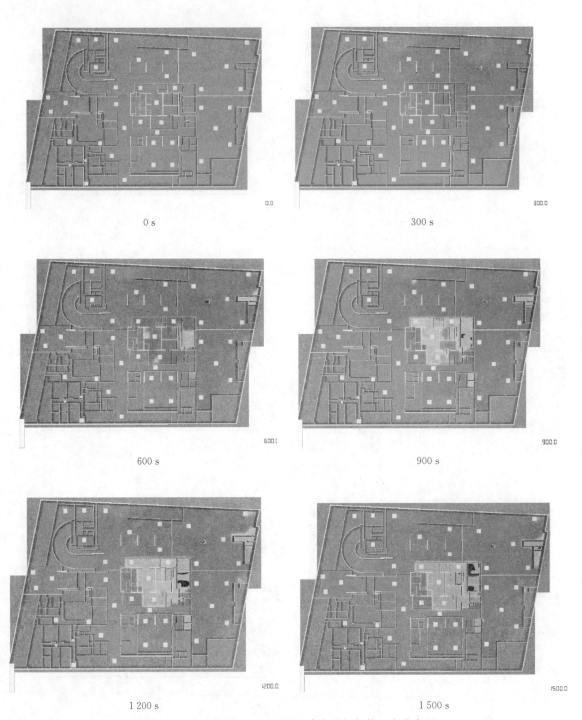

<table>
<tr><td>0 s</td><td>300 s</td></tr>
<tr><td>600 s</td><td>900 s</td></tr>
<tr><td>1 200 s</td><td>1 500 s</td></tr>
</table>

图 2-13　火灾场景 1 距地面 2 m 高度处烟气能见度分布图

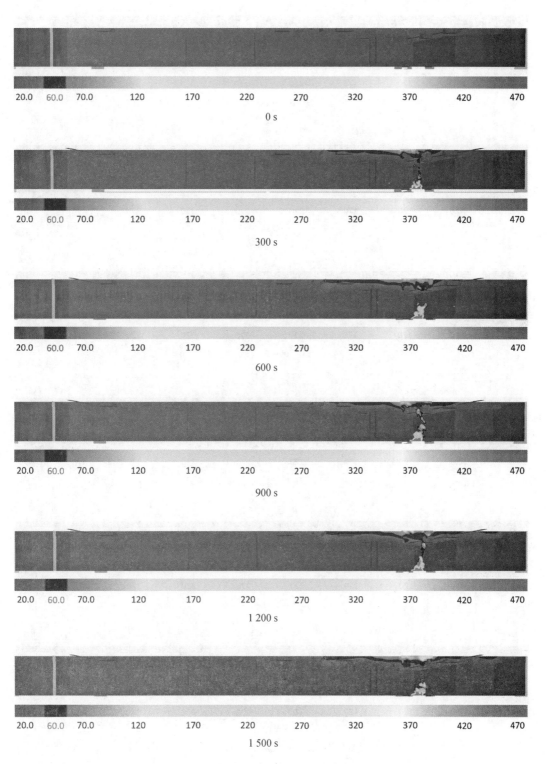

（a）火灾场景 1 烟气层温度纵向分布图(1)

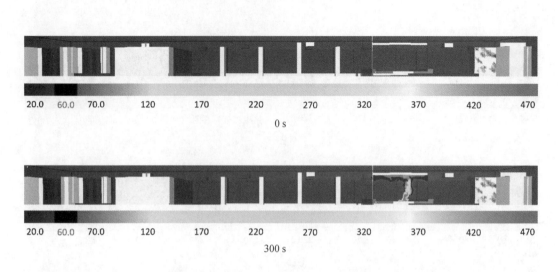

0 s

300 s

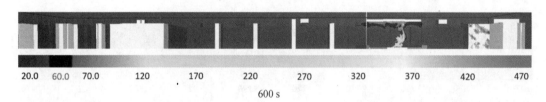

600 s

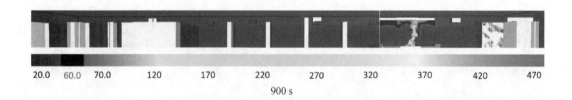

900 s

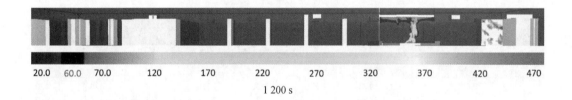

1 200 s

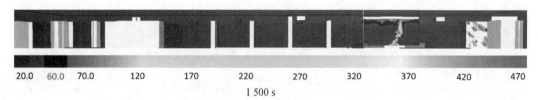

1 500 s

(b) 火灾场景 1 烟气层温度纵向分布图(2)

图 2-14 火灾场景 1 烟气层温度纵向分布图

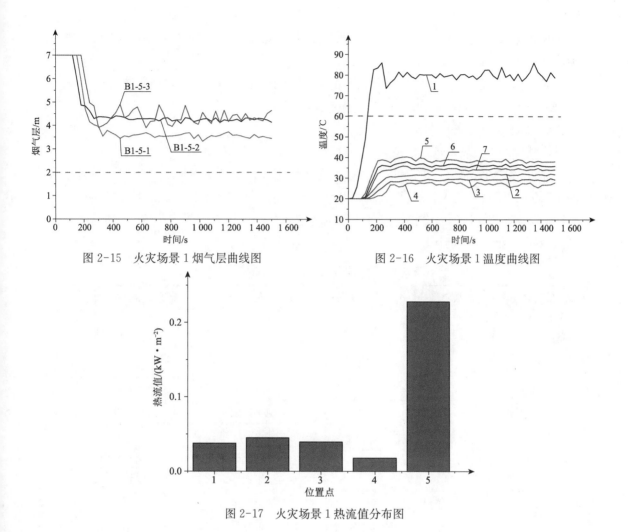

图 2-15　火灾场景 1 烟气层曲线图　　　　图 2-16　火灾场景 1 温度曲线图

图 2-17　火灾场景 1 热流值分布图

3. 火灾场景模拟结果分析

通过对模拟结果的数据文件分析,可得出如下结果:

① 该场景火源位于地下一层汽车泊车处,火灾产生的烟气向上扩散至屋顶,由于浮力导致的顶部射流使烟气沿着顶棚蔓延。B1-5-2 防烟分区的烟气层率先下降,挡烟垂壁的阻隔使得 B1-5-1,B1-5-3 防烟分区的烟气层稍微滞后于 B1-5-2 防烟分区。机械排烟措施的生效,使得烟气层的沉降逐渐趋于稳定,实现了烟气层的有效控制。B1-5-2 防烟分区的烟气层最终稳定在 3.5 m 左右,B1-5-1,B1-5-3 防烟分区均稳定在 4.5 m 左右。

② 地下一层车库距离地面 2 m 高度的烟气温度在 1 500 s 内保持在 60℃ 以下;各安全出口(除火源位置外)附近距离地面 2 m 高度的烟气能见度在 1 500 s 内保持在 10 m 以上,个别角落由于排烟系统效果不佳造成部分区域能见度低于 10 m。

③ 地下一层车库 7 个温度测试点的温度数据显示:随着与火源距离的增加呈现出递减趋势。1 号测温点的温度稳定在 80℃ 左右,2,3,4 号测温点的均值稳定在 30℃ 左右;5,6,

7 号测温点的均值稳定在 35℃ 左右。由此可证,烟气在跨越防烟分区蔓延的过程中,温度呈现出明显的下降趋势。

④ 地下一层车库 5 个热流测试点的数据显示:位于上述位置的疏散人员均承受 0.3 kW/m² 以内的热流值,远远在人体耐受极限以内。

4. 模拟分析结果汇总

本项目对火灾场景进行模拟计算,可以得到以下结果,具体如表 2-4 所示。

通过火灾场景模拟分析,可以得出:火灾场景 1,2 均能满足该地下建筑在火灾发生后的 1 500 s 内不达到危险状态;火灾场景 3,4,5,6 中的地下二层分别在火灾发生后的 538 s,313 s,312 s,274 s 达到危险状态。至于评估该建筑能否保证火灾时人员安全,还需结合人员疏散模拟进一步确定。

表 2-4 下沉式中央广场火灾场景模拟结果

着火楼层	火灾场景	起火部位	位置	到达临界值的时间/s
地下一层	1	火源位置Ⅰ	地下一层	>1 500
			地下二层	>1 500
			地下三层	>1 500
			地下四层	>1 500
	2	火源位置Ⅱ	地下一层	>1 500
			地下二层	>1 500
			地下三层	>1 500
			地下四层	>1 500
地下二层	3	火源位置Ⅲ	地下一层	>1 500
			地下二层	538
			地下三层	>1 500
			地下四层	>1 500
	4	火源位置Ⅳ	地下一层	>1 500
			地下二层	313
			地下三层	>1 500
			地下四层	>1 500
	5	火源位置Ⅴ	地下一层	>1 500
			地下二层	312
			地下三层	>1 500
			地下四层	>1 500
	6	火源位置Ⅵ	地下一层	>1 500
			地下二层	274
			地下三层	>1 500
			地下四层	>1 500

2.4 超高性能混凝土构件火灾试验

2.4.1 超高性能混凝土构件研究现状

混凝土材料具有良好的抗火性能,是地下结构的主要材料。随着混凝土掺加剂、高效减水剂、矿物超细粉料及纤维材料的发明和应用,混凝土材料向具有超高强度和超高耐久性能的超高性能混凝土发展。以强度为主要出发点,混凝土先后经历了 NSC,HPC,UHPC 的发展历程,国内研究人员以混凝土强度和流动性为主要指标对混凝土进行了详细的分类和命名,其中流动度大于 180 mm、抗压强度为 100～149 MPa 的混凝土称为超高强混凝土(HPC)。这种混凝土具有超高强度,但脆性较大,需要通过掺入纤维增强其抗裂性能,而具有超高强度和超强韧性的超高强混凝土可称为超高性能混凝土(UHPC)。

超高性能混凝土的抗压强度均远远大于 HPC,内部结构更加致密,在火灾高温下发生高温爆裂的可能性更大。若混凝土结构在火灾高温下遭受过早破坏,则会导致建筑结构的毁坏。

超高性能混凝土的水胶比极低($\leqslant 0.20$),配制用水量极少,再经过水化消耗后,其内部结构中的含水量极少。在遭受火灾高温过程中,超高性能混凝土中的自由水在高温下产生蒸气压,但极少量的水产生的蒸气压力是否能超过混凝土自身的拉应力,从而引起混凝土发生高温爆裂,或者超高性能混凝土因其极为致密的内部结构不能及时释放高温引起的内部蒸气压力,从而产生极为严重的高温爆裂,这均是待解的疑问。

与普通混凝土相比,超高性能混凝土具有超高强度、高耐久性、高韧性及良好的体积稳定性等多项优异性能,可应用于超高层建筑、超大跨度桥梁、超薄壁及复杂形状的建筑结构、超难度施工环境的建筑工程等。

超高性能混凝土可分为两类,一类是活性粉末混凝土(Reactive Powder Concrete,RPC),不含粗骨料;另一类是含粗骨料的超高性能混凝土[Ultra-High-Performance Concrete with Coarse Aggregate,UHPC(CA)]。NSC,HPC,UHPC(CA)及 RPC 四种混凝土的骨料及性能描述如表 2-5 所示。

2.4.2 UHPC 混凝土

UHPC 作为混凝土发展的一个新方向,国内外研究人员对其配制技术、力学性能和耐久性能等进行了广泛研究,并取得了一定的成果。这里主要介绍 UHPC 的配比、力学性能和高温性能。

1. 配制技术
UHPC 的配制采用"超低水胶比＋矿物掺合料＋高效减水剂"的技术途径并采用普通

表 2-5　四种混凝土材料的骨料和性能描述

混凝土类型	骨料		水胶比	抗压强度/MPa	性能描述
	粗骨料	细骨料			
NSC	普通石子	普通砂	0.40~0.50	20~50	密实度差、耐久性不足
HPC	普通石子	普通砂	0.20~0.40	50~100	致密度高、耐久性好
UHPC	高强度石子	中砂、含泥量较少	0.14~0.20	100~150	极高致密性、超高耐久性
RPC	无石子	石英砂	0.16~0.18	160~200	极高致密性、超高耐久性

原材料和常规的工艺方法,而具体的技术措施包括使用高标号水泥和高效矿物掺合料、选择高强粗骨料、尽可能降低水胶比、提高胶凝材料用量和使用高效减水剂等。

(1) 水泥。1994 年,我国研究者采用"双掺"52.5 级纯硅酸盐水泥和 SiO_2 含量为 93% 的硅灰,配制出 28 d 龄期抗压强度为 114 MPa 的超高强混凝土,并生产超高强混凝土弧板支架,成功用于支护深部矿井软岩巷道,且分析探讨了硅灰对超高强混凝土的增强机理自身活性、提高水泥石和骨料界面黏结力、"填充效应"改善孔结构等技术问题。

(2) 水泥掺合料。1995 年,香港研究人员采用 52.5 级水泥混掺磨细粉末灰(胶凝材料 15%)和硅灰(胶凝材料 20%),制备出 90 d 龄期抗压强度为 148.8 MPa 的超高性能混凝土。后期研究者采用磨细粉煤灰制备出 180 d 龄期约 140 MPa 的 UHPC,625# 硅酸盐水泥的应用效果优于 52.5R 普通硅酸盐水泥。混掺 6258 型硅酸盐水泥、硅灰、粉煤灰和矿渣配制超高性能混凝土并分析火山灰效应的影响。研究结果表明,硅灰、粉煤灰、矿粉等活性矿物掺合料在水泥浆中发挥了良好的效应,显著提高了超高强混凝土各种龄期的抗压强度,具有明显的"叠加效应"。可见,高标号水泥混掺矿物掺合料是制备超高性能混凝土的关键技术。

(3) 粗骨料。超高性能混凝土制备一般采用花岗岩、辉绿岩、重庆石灰石等自身强度较高的粗骨料,且具有良好级配。1988 年,研究者使用 5~20 mm 连续级配的石灰石作为粗骨料,并混合硅灰,初步成功制备 100 MPa 超高强混凝土,而同粒径的卵石和花岗岩配制的混凝土的强度达不到 100 MPa。另有研究表明,相比石灰石,母岩强度为 230 MPa 的玄武岩碎石在提高超高性能混凝土抗压强度方面的优势不明显,且随着粗骨料最大粒径的增大,拌合料的流动性增加,但抗压强度却很相近,试验结果显示,碎石与水泥基体的黏结力优于河卵石,更有利于提高混凝土的抗压强度。东南大学研究了粒径均为 10 mm 的玄武岩、铁尾矿和钢块对超高性能混凝土的流动性和力学性能的影响,结果显示,掺入铁矿或者钢块的混凝土的流动性和力学性能优于掺入玄武岩的试件。

(4) 水胶比。水胶比是混凝土材料的强度大小的决定性因素。降低水胶比,可降低水泥石中的孔隙率,增强混凝土的密实度,进而提高混凝土的强度。在通过采用减水剂控制好混凝土流动性的前提下,一定范围内的水胶比对超高强混凝土抗压强度的影响规律为水胶比越低,抗压强度越高,但超低水胶比情况下却出现不同的规律。超高性能混凝土制备过程中,水胶比需要根据混凝土原材料的性能和流动性要求逐步试验确定。

(5) 胶凝材料用量。在水胶比恒定为 0.20 时,胶凝材料用量对抗压强度有一定的影响,胶凝材料用量增加时,强度偏高。随着胶凝材料总量的增加,混凝土强度呈增加趋势,这主要是因为胶凝材料用量的增加改善了混凝土的流动性,提高了混凝土的致密性。胶凝材料总量的增加有利于提高超高性能混凝土的强度,而硅灰、矿粉等矿物掺合料要适量。

(6) 减水剂。为保证超高性能混凝土的流动性能,高效减水剂的选择使用也是配制超高性能混凝土的关键技术。

2. 力学性能

超高性能混凝土的基本力学性能包括抗压强度、劈裂抗拉强度、抗折强度、弹性模量等。

超高性能混凝土的抗压强度在 100～150 MPa,显著大于高性能混凝土,但其劈裂抗拉强度并未随着其抗压强度的增长幅度而显著提高。

超高强混凝土的抗折强度一般大于 10.0 MPa,随着混凝土抗压强度的增大而呈现逐渐增大的趋势。超高强混凝土的弹性模量显著高于高强混凝土,其具有较大的刚性,可以满足大型构筑物对混凝土刚度的要求。高脆性是超高强混凝土的本质特性,其抗拉强度、抗折强度及弯曲韧性均较低,掺入钢纤维聚合物纤维(以下简称"PP 纤维")及配置复合箍筋均能有效改善超高强混凝土的脆性而增大其韧性。此外,超高强钢管混凝土亦具有较好的延性。

综上所述,超高性能混凝土具有超高强度,但其内部结构极为致密,脆性问题可通过掺入纤维或者采用钢管混凝土来解决。当其遭受火灾高温后的强度损伤是否会大幅度降低而导致混凝土构件丧失承载力还需要进一步研究确定。

3. 高温性能

超高性能混凝土的残余抗压强度随着温度的升高呈先升高再降低的趋势,峰值强度出现在 200℃,亦有峰值强度出现 300℃ 的情况。另有研究显示,含粗骨料超高性能混凝土遭受高温后的残余抗压强度随着温度的升高而逐渐降低,但较低温度下的降低幅度很小。此外,100℃ 左右高温作用下,混凝土的残余抗压强度会出现显著下降的趋势,也有结果未显示该试验结果。

超高性能混凝土具有超低水胶比,而不同水胶比显著影响了超高性能混凝土的残余力学性能,比如 0.14 水胶比的超高性能混凝土的相对残余抗压强度明显高于 0.17 和 0.20 水胶比的情况,水胶比为 0.15 的超高性能混凝土的残余抗压强度保持率高于水胶比为 0.20 的超高性能混凝土。结果显示,长细比越小的试件(扁平试件)的抗高温性能较好。较低水胶比,采用较高砂率和较小尺寸的粗骨料,有利于提高超高性能混凝土的残余力学性能。超高性能混凝土的弹性模量随着目标温度的升高而出现逐渐降低的趋势,但在较低温度下的下降幅度略低。其抗折强度和劈裂抗拉强度亦呈现相似规律。

掺入 PP 纤维是改善超高性能混凝土高温爆裂性能的有效途径,但其也会影响超高性能混凝土遭受高温后的残余强度。研究结果显示,掺入 PP 纤维后的超高性能混凝土的残余抗压强度百分率高于空白组,而 PP 纤维掺量从 1 kg/m³ 增加到 2 kg/m³ 情况下,超高性能混凝土的残余抗压强度百分率有所降低。

综上可知,含粗骨料超高性混凝土遭受高温后的残余力学性能在较低温度下有轻微降低或者略有升高,但遭受较高温度作用后显著下降。而因其极为密实的内部结构,PP 纤维的掺入并未显著降低超高性能混凝土的残余强度。然而,关于含粗骨料的超高性能混凝土遭受高温后残余性能的研究并不多,需要进一步开展试验研究。此外,随着国内超高性能混凝土的广泛应用,相关标准规范的内容设计已逐渐被工程技术人员及科研人员所重视,而国内的研究结果较少,尚远不能形成规范标准,还需要大量的试验研究数据支撑。

2.4.3 地下空间结构关键部位试验方案

1. 典型梁柱节点火灾试验目的

通过对地下大空间典型梁柱节点在火灾下的行为研究,描述地下大空间结构关键部位在火灾下的表观现象、结构的温度变化和火灾后的力学性能变化。揭示地下大空间结构的火灾真实情况,发现潜在危险或结构薄弱环节。同时,通过对照试验,研究普通混凝土、超高性能混凝土梁柱节点区域在火灾工况下的温度场和火灾后的力学性能变化,为现有地下大空间抗火设计和保护提供建议,并针对地下公共建筑结构构建结构抗火设计体系。

2. 抗火试验炉

本次试验使用同济大学结构抗火试验室抗火试验炉。该试验炉性能良好,曾完成过多次大型结构抗火试验,如图 2-18 所示。

图 2-18 抗火试验炉

1) 试验炉主要的指标

(1) 试验炉炉膛尺寸：4.5 m×3.0 m×1.7 m(长×宽×深)，并且根据试验需要炉腔可分成独立的两部分。

(2) 燃料：采用燃气作为燃料。

(3) 燃烧器：共 8 个喷嘴，保证了炉内温度场的均匀性。

(4) 炉温：自动控制升温，可按 ISO834 标准升温曲线和烃类火灾升温曲线升温，也可按自设升温曲线控制升温，并且炉内温度可分区单独控制。

(5) 数据采集：具有多个测温通道、位移通道、应变通道和荷载通道。

(6) 其他指标：炉温控制、炉内压力、加载卸载、数据采集、曲线显示、数据存储及安全报警等。

2) 试验炉操作方法

(1) 电控柜两只散热风机开关推上。电脑开机自启动软件 wincc6.0。

(2) 启动助燃风机(32 Hz 可视情形调整)和启动引风机(25～35 Hz 设定炉压 10 Pa)，现场打开炉前手动蝶阀，点击快切阀打开燃气。

(3) 点火时，Ⅰ区、Ⅱ区选择自动，升温曲线选择重新开始(变更升温曲线：参数设定)，试验开始。若熄火报警(未检测到火焰)，需在现场控制箱处手动复位。

(4) 停火时，两区切换为手动，将点燃的烧嘴(红色)点击一下熄灭(绿色，本身是绿的无须再点)。点击快切阀可以关闭燃气。

(5) 将助燃风机频率降为 25 Hz，关闭现场炉前手动蝶阀。等待炉膛逐渐冷却至 300℃ 以下，然后关闭风机。

3. 结构试件

如图 2-19、图 2-20 所示，根据已有图纸资料，结合实验室的条件确定实际试验的缩尺比为 1∶2。梁柱节点配筋详图和缩尺比，确定试验梁柱节点截面尺寸、配筋等基本信息，详情如下：

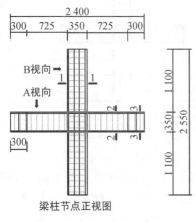

图 2-19 梁柱节点正视图

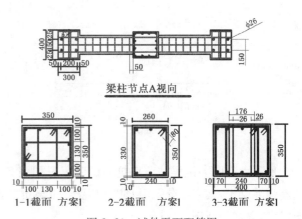

图 2-20 试件平面配筋图

梁截面尺寸为 260 mm×350 mm,柱截面尺寸为 350 mm×350 mm。为配合 50 t 实验室作动器,设置梁端扩大截面。梁端扩大截面为 400 mm×350 mm。梁纵筋直径为 20 mm,箍筋采用 10 mm@100(双肢箍),柱纵筋直径为 20 mm,箍筋采用 10 mm@100(四肢箍);柱长调整为 2.55 m,梁长保持 2.4 m,实际加载长度为 2.1 m。梁、柱采用强度等级为 C40 的混凝土,节点区域混凝土分别采用 C40 的混凝土,UHPC 混凝土钢筋采用 HRB400 螺纹钢筋,保护层厚度为 10 mm,梁端纵筋采用 90°弯折锚固的形式,弯折的投影长度为 300 mm,从而满足 20d 的锚固要求;柱端纵筋采用 90°弯折锚固的形式,弯折的投影长度为 200 mm,从而满足 12d 的锚固要求。

2.4.4 试验过程

1. 升温曲线

根据我国典型地下空间结构中可燃物、通风等情况运用 FDS 软件对地下结构中的火灾场景进行了分析研究,得到了如图 2-21 所示的空气升温曲线。最高温度约 530℃,持续 120 min。虽然此升温曲线较一般的曲线来说温度偏低。但本试验希望能尽可能反应地下空间结构的真实情况,决定使用此升温曲线。

2. 试验方案

地下大空间关键梁柱节点抗火试验方案示意图如图 2-22 所示:柱顶通过膨胀螺栓固定,防止试件在试验过程中倒塌。试件受火面距炉底 550 mm,在试件的下部 1—1 截面处。为受火后进行拟静力试验考虑,在梁端附近设置防火石棉,防止加载端在火灾工况下被破坏。

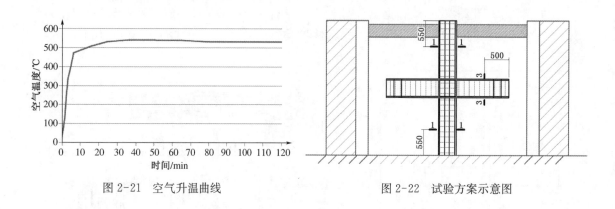

图 2-21 空气升温曲线 图 2-22 试验方案示意图

地下大空间关键梁柱节点抗火试验工况如表 2-6 所示。R2 试件在节点处混凝土采用超高强混凝土,其余部分采用 C40 型混凝土,浇筑方式为现浇;R4 试件整体采用 C40 型混凝土,浇筑方式为现浇。

表 2-6 节点试验工况

工况编号	节点处混凝土强度等级	浇筑方式
R2	UHPC	现浇
R4	C40	现浇

3. 测点布置

地下大空间关键梁柱节点抗火试验热电偶布置图如图 2-23、图 2-24 所示：1—1 截面、2—2 截面、3—3 截面、4—4 截面、5—5 截面的热电偶布置方案采用方案 1；6—6 截面的热电偶布置方案采用方案 2。每个试件共设置 6 个截面，每个截面设置 6 个测点。在试件截面中心位置处的测点用于测量混凝土的温度变化，其余 5 个测点用于测量钢筋的温度变化。测量钢筋温度的热电偶在浇筑试件前通过扎丝与试件纵筋、箍筋相连；测量混凝土的热电偶需要在试件混凝土初凝前插入到指定位置处。

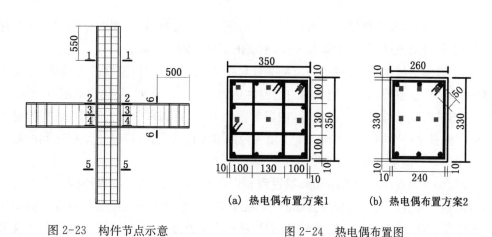

图 2-23 构件节点示意 图 2-24 热电偶布置图

试件的角点属于双面受火工况，试件的中点属于单面受火工况。在后续数据分析中，主要分析试件角点钢筋温度变化、试件中点钢筋温度变化和试件中心混凝土温度变化。

2.4.5 升温曲线分析

如图 2-25 所示，不难发现试验炉内的实际升温曲线与设计升温曲线基本吻合。实际升温曲线120～140 min 段为熄火之后，炉内在抽风机作用下降温段的空气温度。

随着空气中温度的上升，混凝土内部温度不断升高。混凝土内部的升温速度低于空气的升温速度，显示出一定的滞后性。这是由于混凝土为热惰性材料，热容大、导热系数小，热量在混凝土内部的传递较缓慢。从这一点讲，混凝土结构是有利于防火的。但是，正是这种不良的热传导性也加剧了混凝土结构截面上温度场的不均匀性，导致产生巨大的不均匀温

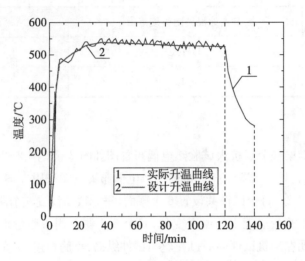

图 2-25　升温曲线示意图

度应力,影响结构本身和相邻结构的安全性。由图 2-25 可知,角点和中点的钢筋升温速度大于混凝土的升温速度,而且在降温阶段,钢筋的温度也随之下降。

在多个升温曲线中可以观察到,当温度升高到 100~150℃时,温度升高放缓,会出现一个"温升平台"。这主要是由于当结构内的温度达到 100~150℃时,结构内的水分开始蒸发,由于水分蒸发吸收了外界传来的热量,使温度停止升高,直到水分蒸发完毕,结构的温度继续升高。"温升平台"的存在,明显改变了结构内的温度分布模式,降低了结构达到的最高温度,延缓了混凝土温度上升的速度。

结构与炉内温度经历的升温和降温过程相同,结构内各点的温度也经历了升温及降温的过程,但是二者并不同步,且结构内的升降温速度要小于炉内的温度变化速度。值得注意的是,当停止加热,炉内温度开始逐渐降低时,结构内的温度并不同步降低,而是仍在缓慢增加,直到升至最高温度,然后才缓慢下降。这主要是由于混凝土的温度仍低于环境温度,且混凝土为热惰性材料,结构内温度分布不均匀,即使已停止了加热,靠近受火面的相对高温的混凝土仍会不断将热量传递给远离受火面的温度相对较低的混凝土,使得其温度不断升高,直到二者温差为零。所以混凝土结构在受火时,结构内部的最高温度出现在空气的降温段,具有滞后性。

由图 2-26、图 2-27 可知,在 1—1 截面,同一时刻的角点钢筋温度高于中点的钢筋温度;在 2—2 截面、3—3 截面、4—4 截面、5—5 截面、6—6 截面,同一时刻的中点钢筋温度高于角点的钢筋温度。原因在于:在下部截面中,截面中点更靠近受火面;在 1—1 截面中,1—1 截面远离受火面,角点截面双面受火,中点截面单面受火,所以角点钢筋温度高于中点钢筋温度。

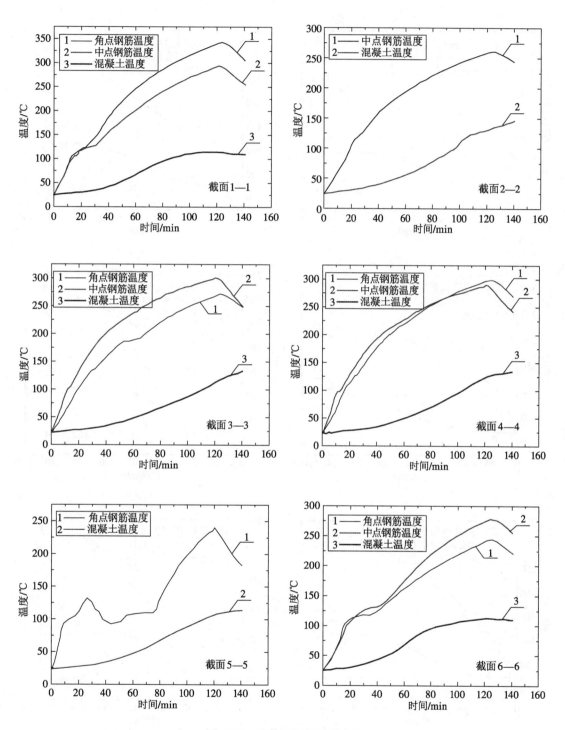

图 2-26　试件 R2 升温曲线图

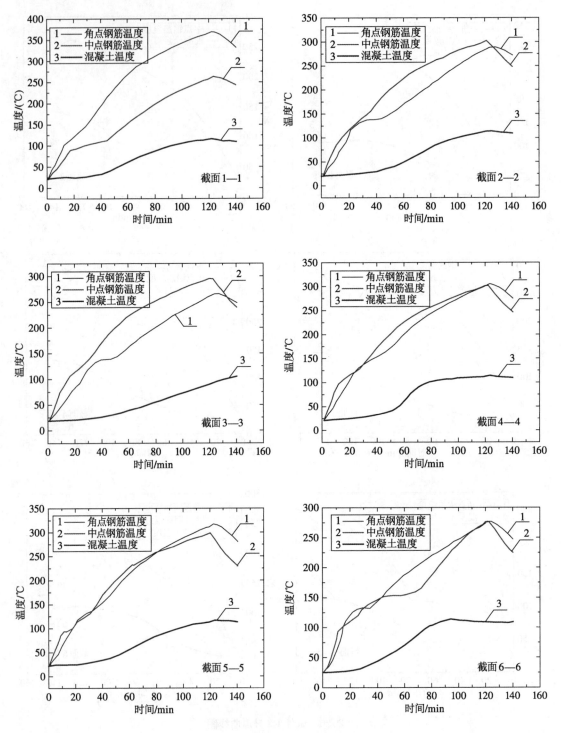

图 2-27 试件 R4 升温曲线图

得到如下结论：

（1）混凝土温度在 100～150℃时，会出现"升温平台"，一定程度上降低了混凝土温度的上升。混凝土温度的最高峰值发生在熄火之后。钢筋升温速度和极限温度均高于混凝土的升温速度和极限温度（图 2-28）。

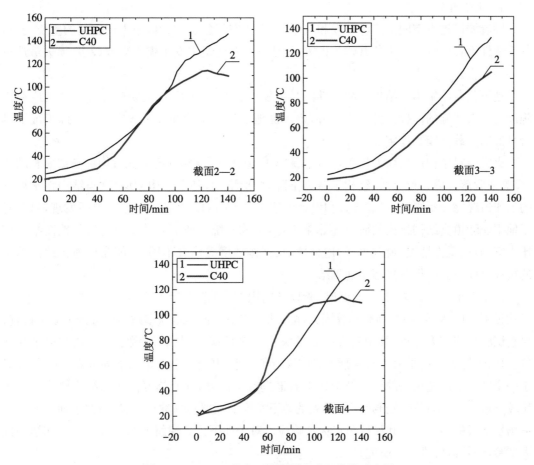

图 2-28 R2，R4 节点区域混凝土升温曲线对比图

（2）结构抗火的最不利工况可能出现在火灾熄灭后。就温度场而言，结构的最高温度往往是在熄火后。

（3）在远离受火面的 1—1 截面，双面受火的角点升温速度和极限温度均高于截面中点的升温速度和极限温度；在靠近受火面的其余截面，由于结构截面的中点靠近受火面，中点升温速度和极限温度均高于截面角点的升温速度和极限温度。

（4）由于 UHPC 混凝土中掺杂着一定量的钢纤维，导热性能高于普通混凝土，UHPC 混凝土的升温速度通常高于 C40 混凝土的升温速度，且 UHPC 混凝土终止温度高于 C40 混凝土的终止温度。

2.5 地下建筑结构抗火试验

2.5.1 试验目的及试验设备

1. 试验目的

随着城市地下空间的广泛开发和应用,地下大空间建筑成为城市人流密集的重要场所,其重要性不言而喻。地下公共建筑火灾,是地下公共建筑中发生灾害次数最多、损失最严重的一种灾害。

地下公共建筑本身结构的耐火性能是突发火灾时人员疏散、消防救援等一系列应急措施能否有效实施的前提条件。因此,需要保证地下建筑结构在突发火灾这一特殊工况下具有良好的承载性能和稳定性。

火灾会对结构产生巨大损害,建筑材料性能退化(强度和刚度降低);构件横截面积减小(爆裂或脱落),内力重分布;结构承载力下降,变形增大,甚至结构倒塌,这与结构在常温下的工作情况完全不同,也可能导致和设计预期完全不同的破坏模式。通过调研发现,目前对于地下非隧道类结构抗火的研究还非常不足,不成系统。地下公共空间建筑与地面结构相比火灾场景、受力情况、荷载水平、建材性能、工作环境等均有不同,不能简单地将地面结构的抗火设计研究成果直接用于地下结构。

由于大型结构试验的复杂性和试验设备的限制,目前可参考地下建筑结构的火灾试验仍然很少。Park 等人对 2003 年韩国大邱车站火灾中受损的地铁车站结构进行了原位检查、材料试验和热应力分析,其中对混凝土的灾后表观情况、受损程度做了较细致的记录与评价。Jiang 等人对遭受大火的混凝土涵洞进行了一系列的检测,并给出加固方案。Li 等人对于一个经历了严重火灾的框架结构地下通道进行了修复,并对修复前后的结构性能进行了比较分析。Annerel 等人开展了一系列的地下车库的无梁板柱冲切试验,研究了地下建筑火灾场景下板的结构响应和板柱节点火灾响应。对于地下公共建筑的结构抗火设计和结构抗火试验,仍然需要进一步研究。

因此,本试验选用了典型地下公共建筑结构作为研究目标,采用地下结构火灾场景下的实际火灾升温曲线,并根据地下结构实际情况施加双向荷载,获得了典型地下公共建筑结构在火灾作用工况下结构表观损害情况、结构内部的温度场分布情况和结构的动力响应特性。

2. 试验设备

本次试验使用同济大学结构抗火试验室抗火试验炉。试验炉主要的指标如下:

(1) 试验炉炉膛尺寸:4.5 m×3.0 m×1.7 m(长×宽×深),并且根据试验需要炉腔可分成独立的两部分。

(2) 燃料:采用燃气作为燃料。

(3) 燃烧器:共 8 个喷嘴,保证了炉内温度场的均匀性。

（4）炉温：自动控制升温，可按 ISO834 标准升温曲线和烃类火灾升温曲线升温，也可按自设升温曲线控制升温，并且炉内温度可分区单独控制。

（5）数据采集：具有多个测温通道、位移通道、应变通道和荷载通道。

（6）其他数据：炉温控制、炉内压力、加载卸载、数据采集、曲线显示、数据存储及安全报警等均集成在工控机完成，能够做到完全同步，界面统一、操作方便。

2.5.2 大比尺火灾试验模型

1. 典型地下公共建筑及大比尺模型

本试验选取某典型地下公共建筑作为研究对象，该结构为两层三跨梁板柱结构，净跨度 20.7 m，顶层高 5.95 m，底层高 6.19 m，中间柱子尺寸 1.2 m×0.8 m，顶板 0.85 m，底板 0.9 m，两侧侧墙 0.7 m，截面尺寸和布置如图 2-29 所示。为了方便内部管线布设，一般只在纵向设置梁，横向基本不设置（结构楼板开口处，局部设置横向梁）。

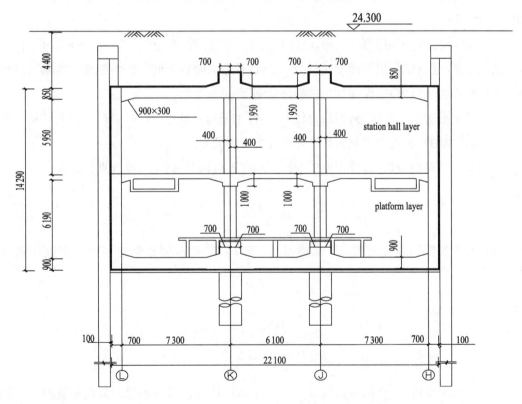

图 2-29 某典型地下公共建筑截面

综合考虑场地情况、试验要求以及试验可靠性等诸多因素，试验结构尺寸比例尺定为 1∶4。试验对象选取单层三跨的结构。由于在实际结构中，下层结构对上层结构产生相互影响，主要影响其弯矩的分配，所以在试验结构中需要通过改变顶层楼板的转动刚度来考虑这一影响。也就是说,用转换楼板的刚度和试验的边界条件来等效下层结构和周围土体的转动刚度,使顶层的弯矩分布与原型相同。

通过运用计算软件 SAP,建立简化模型和未经缩尺的单层三跨结构模型,施加相同荷载进行弯矩计算。采用调节楼板厚度的方式调节单层三跨结构模型的转动刚度,不难发现,随着楼板厚度的增加(刚度增加),竖墙与楼板接触点的弯矩绝对值在不断变大,加载点的弯矩绝对值在不断减小,竖墙顶端弯矩的绝对值在不断减小。当单层模型的底板厚度取 0.76 m 时,弯矩在三个代表点的相对误差分别为 0.01,0.01 和 0.02,几乎与原型一致。因此,本试验综合考虑底层结构对顶层结构的影响,将缩尺之前底层结构的底板厚度调节为 0.76 m。

根据缩尺比例 1∶4,大比尺试验模型的尺寸可以分别计算出来:

(1) 大比尺模型总跨度计算为 5.26 m,高度 1.88 m,由于试验条件的限制,模型沿纵向的长度取为 1.2 m。

(2) 结构顶板、底板和两侧墙取单层三跨模型结构的 1/4,即顶板 0.21 m,底板 0.19 m,两侧墙 0.175 m。

(4) 原结构纵向柱间距为 7.5 m,经过 1∶4 比例尺计算,跨距为 7.5÷4=1.875 m。因试验装置的限制,使得试件出平面方向仅为 1.2 m,不足纵向柱子间一跨的距离。需要对试验结构中的柱截面进行缩减,保证柱与楼板间的刚度分配。

由于柱上分配的弯矩很小,但轴力较大,即柱主要通过轴力(抗压刚度)来影响结构的内力分配,所以以轴力分配为控制因素来计算柱的缩小截面。

通过对上部结构分析,需要根据柱的抗压刚度进行调节,抗压刚度计算公式为

$$K = \frac{EA}{L} \tag{2-1}$$

试件与原型使用同种材料,E 保持不变,所以只需要按照比例对柱的横截面积进行缩减。

$$K = \frac{E\left(1.2 \times \frac{1}{4}\right)\left(0.8 \times \frac{1}{4}\right)}{1.875} = \frac{E(0.24 \times 0.16)}{1.2}$$

经过等效刚度转化,柱的截面尺寸为 0.24 m×0.16 m。试件的最终截面布置和尺寸如图 2-30 所示。

试件结构由 4 块楼板和两个柱构成。4 块楼板分别命名为 C 板(顶板)、F 板(中楼板)、L 板(左侧板)、R 板(右侧板)。两个柱为 L 柱(左柱),R 柱(右柱)。矩形框架结构之内称为内部,矩形框架结构之外称为外部,如图 2-31 所示。

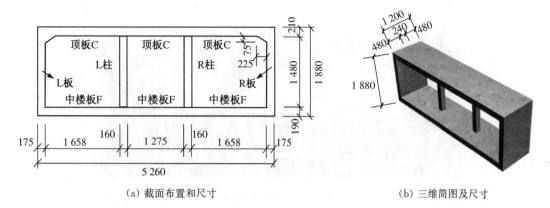

（a）截面布置和尺寸　　　　　　　　　　　　　（b）三维简图及尺寸

图 2-30　大比尺试件尺寸（mm）

图 2-31　试件各部分命名

2. 大比尺试件配筋

使用相同配筋率原则，根据与典型地下建筑实际配筋情况对试件进行配筋，保护层厚度按照规范选取为 3 cm。具体配筋情况如图 2-32、图 2-33 所示。

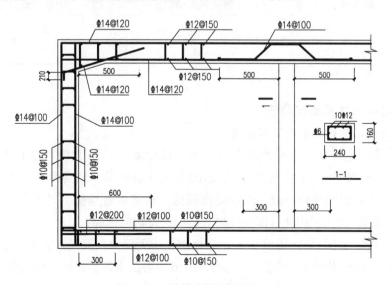

图 2-32　试件配筋布置图（mm）

图 2-33　试件钢筋图

3. 试件建筑材料

试验的材料与地铁车站结构原型一致，C40 混凝土，HRB400 级钢筋。混凝土采用商用 C40 混凝土，配比如表 2-7 所示。

表 2-7　混凝土配合比

材料名称	水	水泥	黄沙 1	黄沙 2	石子 1	粉煤灰	外加剂	矿粉
品种规格	自来水	42.5	中砂	中砂	5～25 mm	II 级	ZK904-3	S95
配合比/(kg·m^{-3})	176	249	306	458	1 013	70	6.01	95

试验构件中的钢筋为 HRB 400 Φ12 和 Φ14。两种钢筋分别测试了 8 组试件，进行了强度和弹性模量测量。其测量结果的平均值如表 2-8 所示。

表 2-8　钢筋的弹性模量和强度的测量结果

直径	屈服强度/MPa	极限强度/MPa	弹性模量/MPa
12	531.9	646.4	19.3×10^4
14	530.2	666.3	19.7×10^4

2.5.3　试验过程设计及测试方法

1. 火灾场景及结构热学边界试验设计

根据我国典型地铁车站中可燃物、通风等基本情况运用 FDS 软件对地下建筑结构的火灾场景进行分析研究，得到了如图 2-34 所示的空气升温曲线。最高温度 530℃左右，持续 120 min。虽然此升温曲线较一般的曲线温度偏低。本试验希望能尽可能反应地下建筑结构火灾的真实场景，因此采用此升温曲线进行结构火灾响应试验。

（1）结构内部：如图 2-35 所示，F 板上表面施作防火保护。根据真实地下建筑结构火灾特点，结构楼层的底板 F 板通常会施作不小于 10 cm 主要由水泥砂浆组成的垫层，这种垫层的隔热性能非常好，所以认为 F 板将不会受到高温侵袭。本试验中对 F 板内侧进行了防火保护。

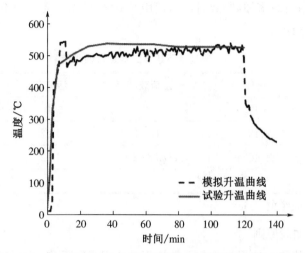

图 2-34　典型地下建筑火灾场景模拟升温曲线及试验升温曲线

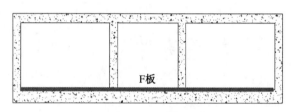

图 2-35　F 板的防火保护

（2）结构外表面：地下建筑结构外表面被土体包围，由于实际结构混凝土较厚，土体对结构内部温度场几乎没有影响。所以本试验中结构外表面直接暴露在空气中。

（3）结构侧面：结构出平面的两个侧面施作防火保护。本试验只取了地下建筑结构的一个横截面，结构内部火灾，所有的板都是研究沿着厚度方向单向热传导问题，所以这两个侧面假设不存在热量传递的，即为绝热面。

2. 结构双向受力荷载计算及加载机制

1）地下公共建筑正常使用工况荷载计算

根据地下公共建筑的功能和规范，计算结构的正常使用荷载。其中，结构埋深 3.5 m，竖向和侧向土压力，根据以下规则进行计算。

（1）结构覆土以上的地面，假定为公路，交通荷载为 20 kN/m。

（2）地下公共建筑内部的人流荷载，按照规范取 4 kN/m。

（3）结构顶面覆土 3.5 m，按照土体重度 19 kN/m³ 计算竖向土压力，侧向土压力系数取0.3。

（4）地下水位 0.5 m，水的重度取 9.8 kN/m³，水压力和土压力单独计算。

荷载组合系数：1.35×永久荷载＋1.4×活载，得到结构的正常使用荷载组合如表 2-9

所示。将该正常使用荷载施加到原结构上,运用 SAP 软件对典型地下建筑结构常温下的内力(弯矩和轴力)进行计算。

表 2-9　典型地下建筑结构正常使用荷载

项目	水荷载	土荷载	活荷载	组合荷载
上顶板荷载	28.42	55.18	20	140.86
侧墙顶点	28.42	36.418 8	13.2	106
侧墙底点	168.462	117.588 2	13.2	404.6
水底反力	168.462	—	—	227.4

注:力的单位为 kN,长度单位为 m。

2）大比尺试件加载原则

根据缩尺原理,使得大比尺试件与原结构正常使用工况下应力水平相同,以求反映真实应力水平下结构的火灾响应。

（1）弯矩等效

$$\sigma = \frac{M_z y}{I_z} \tag{2-2}$$

式(2-2)中,$I_z = \frac{bh^3}{12}$,即

$$\sigma = 12\frac{M_z y}{bh^3} \tag{2-3}$$

因为要保持试验模型与原型中应力水平相同（$\sigma_{test} = \sigma_{prototype}$）,且取每延米计算,$b = 1\,\text{m}$,$y_{max} = \frac{1}{2}h$,从而得出 $M_z \sim h^2$ 的函数关系式。

由于结构缩尺比例为 1：4,所以弯矩的比例应满足公式:

$$M_{test} = \frac{M_{prototype}}{16} \tag{2-4}$$

（2）轴力等效

$$\sigma = \frac{F}{A} = \frac{F}{bh} \tag{2-5}$$

因为取每延米计算 $b = 1\,\text{m}$,推出轴力:$F \sim h$,即:

$$F_{test} = \frac{F_{prototype}}{4} \tag{2-6}$$

（3）常温下试验模型双向加载荷载计算。经多次验算、调整决定采用如图 2-36 所示的

加载模式和边界条件。在结构上共施加 8 个加载点和 6 个反力点,模拟受力情况。C 板上每跨有两个加载点,R 板上有两个加载点,L 板和 F 板为反力作用板,均采用单点铰支座。

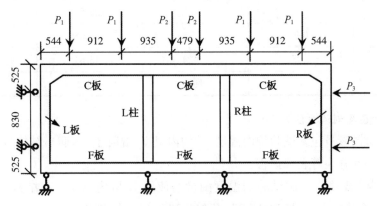

图 2-36　试验模型加载模式和边界条件

运用 SAP 软件对其进行受力分析。试件与实际结构内力形式上基本是一致的。侧墙上的弯矩分布略有不同,实际结构的正弯矩最大值出现在侧墙跨中附近,而试件中的正弯矩最大值稍微偏下,在侧墙 1/3 位置处。这主要是由于实际结构中底层的结构对顶层结构存在一定的影响,相当于在试件的两个下部转角上增加了转动弯矩。通过对 P_1,P_2,P_3 进行调整,最终使得试件结构的弯矩水平和轴力水平均与原结构按照缩尺原则等效之后的弯矩和轴力相当,得到了合理的等效集中荷载,结果如表 2-10 所示。

表 2-10　试验施加荷载

荷载	P_1	P_2	P_3
大小/kN	192	151.2	120

（4）加载机制。试验过程中,8 个加载点分 9 级同步加载,分别按最大荷载的 0.2 倍,0.4 倍,0.6 倍,0.7 倍,0.8 倍,0.85 倍,0.9 倍,0.95 倍,1.0 倍加载至试验荷载最大值。在每级加载过程中若结构位移稳定 5 min 以上,进入下一级加载,如表 2-11 所示。

表 2-11　荷载加载表

加载步	荷载水平	P_1/kN	P_2/kN	P_3/kN
1	0.2	38.4	30.24	24
2	0.4	76.8	60.48	48
3	0.6	115.2	90.72	72
4	0.7	134.4	105.84	84
5	0.8	153.6	120.96	96

加载步	荷载水平	P_1/kN	P_2/kN	P_3/kN
6	0.85	163.2	128.52	102
7	0.9	172.8	136.08	108
8	0.95	182.4	143.64	114
9	1	192	151.2	120

3. 测点布置及测试方法

试验中测试的参量包括试验炉内温度、结构内温度（混凝土、钢筋）、结构位移、角部转动以及结构的爆裂和开裂等表观损害。

（1）炉膛内部温度。本次试验的温度测量均使用 K 型热电偶。在结构受火面不同位置，共布置了 3 个热电偶，编号为 TA37，TA38 和 TA39，如图 2-37 所示，分别测量三跨内结构表面的空气温度。

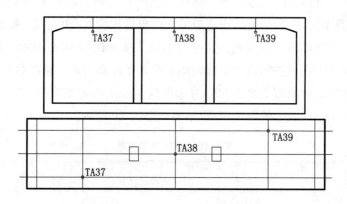

图 2-37 结构受火面热电偶布置图

（2）结构内温度。为了研究火灾过程中结构内的温度分布规律（混凝土内部温度场和钢筋温度），在混凝土上布置了 36 个 K 型热电偶，钢筋上布置了 20 个 K 型热电偶。混凝土中的温度测点主要集中在 C 板，R 板和柱子上。

① 混凝土 C 板上在各跨跨中，1/4 跨处等位置，共布置了 6 个集中测点，每个集中测点沿深度方向布置了 5 个或 7 个热电偶。一共布置了 28 个热电偶，编号 TC1～TC28，如图 2-38 所示。其中，1a 表示该位置沿厚度方向只布置了一个热电偶，5a 表示沿厚度方向等距离布置 5 个热电偶，7a 表示沿厚度方向等距离布置了 7 个热电偶。

② F 板上由于进行了防火保护，假定其不受火源的影响，并且布置了一个热电偶，编号 TC34，以观察其温度变化，验证假定，保证试验的准确性。

③ R 板上布置了一个集中测点，沿厚度方向等距离布置了 5 个热电偶。

④ 由于柱四面受火，且两侧柱具有对称性，只在 R 柱上设置了一个热电偶，编号 TC35，

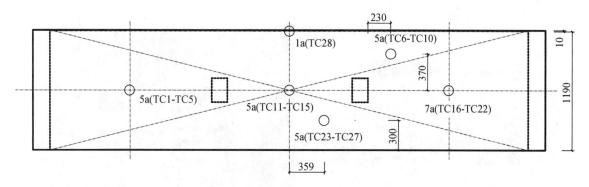

图 2-38 C 板(顶板)温度测点的布置位置

布置在柱截面的中心。

　　混凝土温度集中测点是将热电偶按照设计深度预埋在试块中,将试块整体放置在混凝土模板中,如图 2-39 所示。这样可以保证热电偶安装位置的精准性。

图 2-39 混凝土模板中的热电偶束

　　(3) 钢筋中的温度。钢筋中的温度测点布置同样主要集中在 C 板、R 板和柱上,测量受火面一侧的钢筋和背火面一侧钢筋的温度随受火时间的变化。主要用来:

　　① 了解受力钢筋的温度变化;

　　② 与相同深度混凝土温度相互校核、比较;

　　③ 为高温钢筋应力计提供基本的温度参数。

　　(4) 结构变形测量。在试验中,结构位移通过在结构外表面布置的差动式位移传感器(YHD-100)测量,如图 2-40 所示。沿全长共布置了 44 个位移计,测点主要集中在 C 板和 R 板。位移计主要用来测量结构的刚体平动和结构在火灾下的变形。

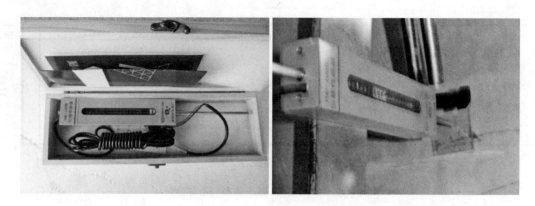

图 2-40　差动式位移传感器

考虑到结构的对称性,结构的变形测量主要布置在结构的顶板和右跨侧板上。

① 结构 C 板上共布置了 29 个位移计,编号为 WY-C-1～WY-C-29,如图 2-41(a)所示。

② 底板(F 板)上布置了 4 个位移计,编号为 WY-F-41,WY-F-42,WY-F-43 和 WY-F-44,对应顶板上 WY-C-1,WY-C-19,WY-C-20 和 WY-C-26 的位置。

③ 右侧板(R 板)上布置了 11 个位移传感器,位置如图 2-41(b)所示,编号为 WY-RW-30～WY-RW-40。

④ L 板上布置了 5 个位移传感器,编号为 WY-LW-45～WY-LW-49,对应 R 板图中 WY-RW-30,WY-RW-33,WY-RW-36,WY-RW-37 和 WY-RW-39。

为了测量顶(底)板与两个侧板之间的相对转角,制作试件时在三个角部预埋了刚性杆件,使其与结构转角相同。之后在每个杆件上配置 2 个位移计,测量杆件的相对转角,三个角部共布置 6 个位移计,编号 ZJ-1～ZJ-6,如图 2-41(c)所示。

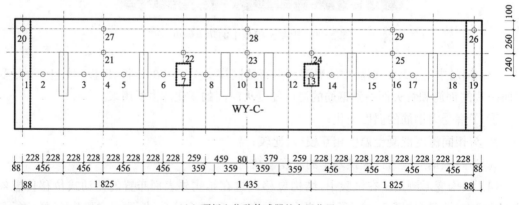

(a) 顶板上位移传感器的布置位置

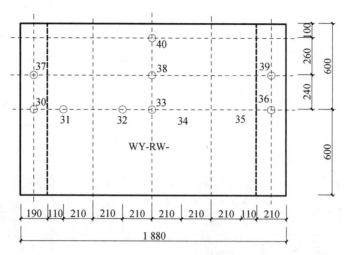

(b) 右侧板(R板)位移传感器的布置位置

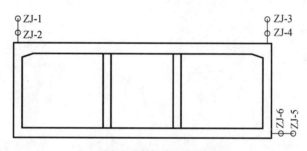

(c) 转角处位移传感器的布置位置

图 2-41 位移传感器布置示意图

4. 试验步骤与总体布置

(1) 试验步骤。试验共分为三个阶段：常温加载阶段、持载升温阶段和持载降温阶段。

常温加载阶段主要是在室温条件下,对结构进行分级加载,到达预期的应力水平;持载升温阶段,是保持外荷载不变的同时,对结构进行明火加热;持载降温阶段,是保持荷载不变,熄灭火源使炉内温度下降。

第二个阶段和第三个阶段较好地模拟了真实地下公共建筑结构火灾升温和降温的工况。

(2) 试验总体布置。试验总体布置如图 2-42 所示,主要包括火灾热环境模拟子

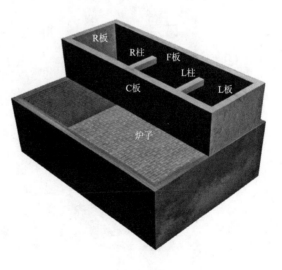

图 2-42 结构与炉子的位置示意图

系统、隔热保温子系统、支座及加载框架、加载子系统、数据测量子系统等。

由于燃烧炉不能承担过大的竖向荷载且为了将火灾引入框架结构内,结构采用卧式布置。试验时,结构放置在炉口上,为消除炉口表面对结构变形的影响,在炉口表面和结构间垫入了柔软的耐火纤维。

耐火纤维的作用一方面是填充支撑基座与衬砌环之间的缝隙,避免热量的散失;另一方面可以减小摩擦。通过水平两个方向四台加载千斤顶的配合,以对结构施加力学边界条件,试验布置如图 2-43 所示。

温度采集箱
炉盖
顶板加载千斤顶
炉盖
反力架
结构试件
反力支座

(a) 左侧视图

(b) 右侧视图

图 2-43　试验总体布置实景

2.5.4 试验结果与分析

1. 高温后的材料性能

试验前,在燃烧炉中放置了与大比尺结构同批浇筑,同样养护的 6 个 150 mm × 150 mm×150 mm 立方体混凝土试块,6 个 150 mm×150 mm×300 mm 长方体混凝土试块。为了能使试块均匀受火,试块放置在事先准备好的铁架子上。在经历与结构相同的火灾升温后,对上述试块进行材料测试。

图2-44 火灾后试块

全部 12 个试块均没有发生爆裂现象,结构整体性保持完好。试块颜色发白,表面出现较密且细小的孔洞,如图 2-44 所示。

对试块进行称重,比较试验前后重量。试块的平均质量损失率为 6.51%,其弹性模量和抗压强度损失严重,如表 2-12 所示。

表 2-12 混凝土试块火灾前和火灾后的平均弹性模量和强度

混凝土试块	性能	火灾前	火灾后
150 mm×150 mm×300 mm	弹性模量/MPa	$2.57×10^4$	$1.11×10^4$
150 mm×150 mm×150 mm	抗压强度/MPa	36.5	22

2. 试验现象

加载阶段:加载机制分九级,4 个千斤顶、8 个加载梁同步进行加载。在加载过程中结构没有明显现象:表现为没有明显的刚体平动和结构变形,结构外表面没有出现裂缝。

(1)持载增温阶段:

15:05,燃烧炉开始点火,进行持载加热试验;17:05,熄火,共加热 2 h。

16:08,L 板外表面出现水迹,水迹面积很快扩大,几乎覆盖全板。

16:10,C 板出现水迹,16:28,R 板出现水迹。

在试验过程中,结构与炉盖间的防火棉处,不时出现"白气"。

(2)降温持载阶段:

17:05,熄火,保持荷载 30 min。

17:12,结构加热内部出现类似重物坠地的响声。

3. 表观损害

1)爆裂现象

试验后检查发现,R 柱中部出现了严重的爆裂现象,结构的其余位置均未出现爆裂脱落现象。结合对结构的宏观描述,可以合理猜测爆裂发生在熄火 7 min 后。这说明结构抗火

71

危险工况,不一定出现在火灾发生过程中,也可能在火灾扑灭以后的某一段时间里。

在 R 柱中部的右侧面和下侧面(以试验时结构的位置为准)发生了严重的爆裂,混凝土保护层脱落,钢筋直接裸露在空气中,某些位置钢筋内部混凝土也爆裂脱离。最大爆裂深度出现在下表面,达 6 cm;右侧面的最大爆裂深度为 5.5 cm。图 2-45 为右柱爆裂面积分布图(阴影部分为爆裂部分)。通过图 2-46(a)可以观测到柱端完好,没有发生爆裂。此现象反映出在结构抗火中,柱的不利截面可能出现在柱中部,而非端部。

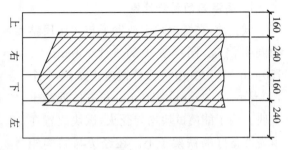

图 2-45　右柱爆裂分布图

(a) R 柱俯视图

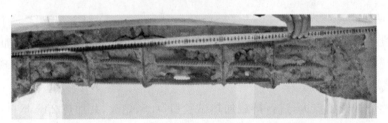

(b) R 柱仰视图

(c) R 柱右视图

图 2-46　R 柱爆裂实物图

燃烧炉底部有若干爆裂脱离的混凝土残片,其中残片的最大重量为 3.53 kg(图 2-47),最长边长达 37 cm(图 2-48)。在残片表面可以看见清晰完整的钢筋纹路,说明该块体受到作用,整体脱落。

图 2-47　最大重量混凝土残片

图 2-48　最大边长混凝土残片

2) 结构裂缝

试验过后在结构上观察到了大量裂缝,但由于观察是在卸载降温后,因此不能给出裂缝是在哪个阶段出现的,如果裂缝已经闭合则不能反映出裂缝的宽度。

图 2-49—图 2-54 给出了结构不同位置裂缝的分布情况。

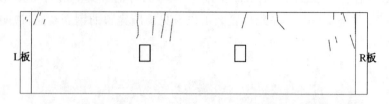

图 2-49 C 板外侧裂缝分布图

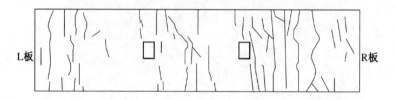

图 2-50 C 板内侧裂缝分布图

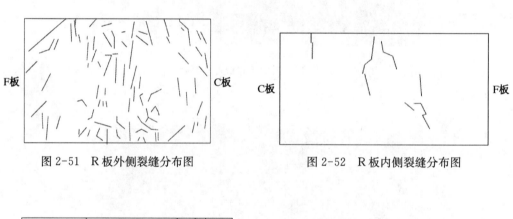

图 2-51 R 板外侧裂缝分布图　　　　　图 2-52 R 板内侧裂缝分布图

图 2-53 L 板外侧裂缝分布图　　　　　图 2-54 L 板内侧裂缝分布图

　　图 2-55 给出了结构不同位置的裂缝分布情况。不难看出,结构上出现了较为发达的裂缝体系。C 板、R 板和 L 板裂缝主要为竖向裂缝,且均出现在受力模式中的受拉区域,符合受力分析。左柱和右柱上出现了横纵交叉的裂缝体系,纵向应为受压的劈裂裂缝,横向应为降温后出现的拉伸缝。

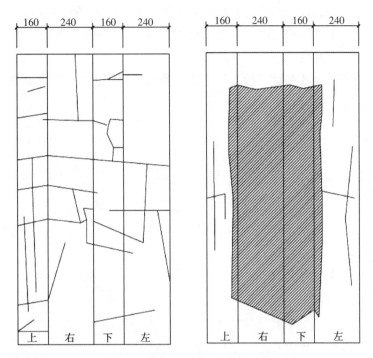

图 2-55 L 柱和 R 柱裂缝分布图(阴影为爆裂部分)(mm)

4. 火灾试验温度测量结果及分析

(1) 试验炉内温度。根据试件受火表面设置的热电偶测试结果,试验炉内的温度如图 2-56 所示。试验炉内的温度在最初的 10 min 上升很快,之后基本保持恒定,这与设计的地下建筑结构火灾升温曲线吻合得很好。

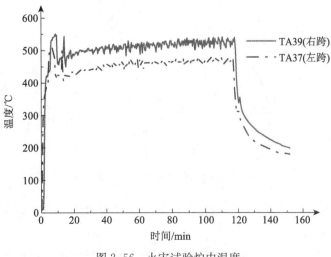

图 2-56 火灾试验炉内温度

火灾右跨(TA39)温度与设计火灾曲线一致,左侧的两个喷嘴中的一个在试验过程中失效,导致左跨温度略低于右侧温度。升温曲线 120~150 min 段,为熄火之后,炉内在抽风机作用下的降温段空气温度。

(2) C 板内混凝土的温度。C 板上三跨跨中位置不同深度处混凝土内的温度场测试结果,如图 2-57 所示。

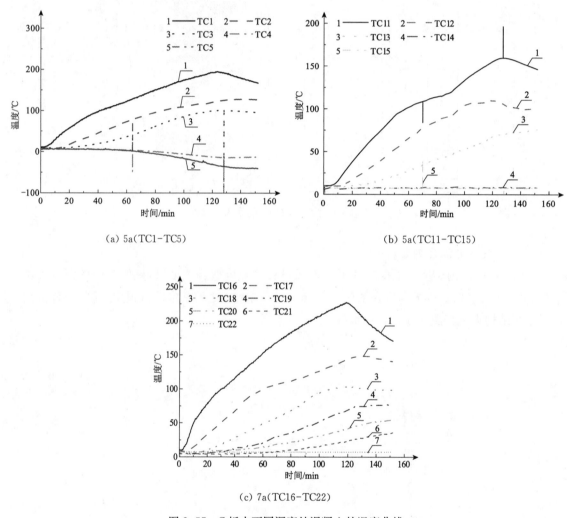

(a) 5a(TC1-TC5)

(b) 5a(TC11-TC15)

(c) 7a(TC16-TC22)

图 2-57 C 板内不同深度处混凝土的温度曲线

① 沿板厚度方向不同深度测点的温度分布。沿 C 板厚度方向不同深度测点的温度变化曲线如图 2-58 所示。

随着空气中温度的上升,混凝土内部温度不断升高。越靠近受火面的位置,温度越高。混凝土内部的升温速度低于空气的升温速度,显示出一定的滞后性,且混凝土内部温差很大,越靠近受火面,梯度越大。由于混凝土为热惰性材料,热容大、导热系数小,热量在混凝土内部的传递较缓慢。从这一点讲,混凝土结构是有利于防火的。但是,正是这种不良的热传导性也加剧了混凝土结构截面上温度场的不均匀性,导致产生巨大的不均匀温度应力,影响结构本身和相邻结构的安全性。

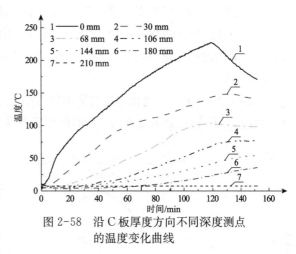

图 2-58　沿 C 板厚度方向不同深度测点的温度变化曲线

　　结构与炉内温度经历的升温和降温过程相同,结构内各点的温度也经历了升温和降温的过程,但二者并不同步,且结构内的升降温速度要小于炉内的温度变化速度。值得注意的是,当停止加热,炉内温度开始逐渐降低时,结构内的温度并不同步降低,而是仍在缓慢增加,直至达到最高温度,然后才缓慢下降。且离受火面的距离越远,达到最高温度的时间越久,开始降温的时间也越晚。这主要是由于混凝土为热惰性材料,结构内温度分布不均匀(越靠近受火面温度越高),这样即使已停止了加热,靠近受火面的相对高温的混凝土仍会不断将热量传递给远离受火面的温度相对较低的混凝土,使得其温度不断升高,直到二者温差为零。所以混凝土结构在受火时,结构内部的最高温度出现在空气降温段,具有滞后性。

　　② C 板三跨跨中位置沿板厚度相同深度测点温度的对比。C 板三跨跨中位置沿板厚度相同深度的测点温度变化曲线如图 2-59 所示。三个测点距离受火面 30 mm。

　　通过对不同跨中位置混凝土温度变化曲线的对比可以看出:

　　相同深度的温度左跨略高于中跨,而右跨温度最高。这与火灾试验炉内温度曲线对比趋势相同,据推测是由于试验炉火焰喷射不均匀导致的。这与结构表面出现水迹先在 R 板上出现,后在 C 板上出现,最后在 L 板上出现的表观现象是吻合的。

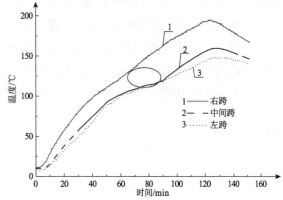

图 2-59　距离 C 板受火面深度 30 mm 处测点的温度变化曲线

　　在多个升温曲线中可以观察到,当温度升高到 100~120℃时,温度升高速度放缓,会出现一个"温升平台"。这主要是由于当结构内的温度达到 100~120℃时,结构内的水分开始蒸发,由于水分蒸发吸收了外界传来的热量,使温度停止升高,直到水分蒸发完毕,吸收的热量才使结构的温度继续升高。"温升平台"的存在,明显改变了结构内的温度分布模式,降低

了结构达到的最高温度,延缓了混凝土温度上升的速度。

(3) 右侧墙和柱中混凝土温度变化。R 板内沿深度 0 mm,35 mm,70 mm,105 mm 和 140 mm 处的温度变化曲线如图 2-60、图 2-61 所示。图 2-61 给出了 R 柱截面中心点位置的温度变化曲线。

混凝土墙柱内温度变化趋势与炉内空气变化一致,随着空气温度升高而升高,熄火后,温度没有立刻下降,而是继续升高一段时间而后下降。这与前面一节板中混凝土升温特征一致。

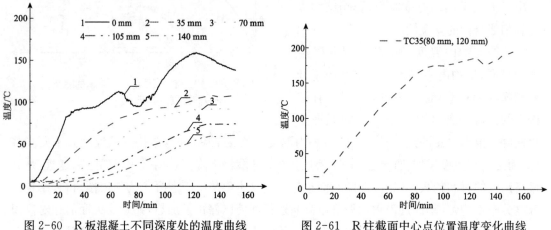

图 2-60　R 板混凝土不同深度处的温度曲线　　图 2-61　R 柱截面中心点位置温度变化曲线

在距离受火面相同深度位置,对比图 2-61 可以看出,由于柱四面受火,柱中混凝土比右侧板中混凝土升温更快,达到的温度更高。试验 120 min 后,柱子内温度下降几分钟后,突然又开始上升,且一直持续到 150 min 都呈上升趋势,出现了温度的"转折"。

经过与试验现象的比对,由于熄火后 7 min 后发生了 R 柱混凝土的脱落,使混凝土内部温度较低的部分直接暴露在空气中,从而导致了温度再次上升。

(4) 试件内钢筋的温度。图 2-62 给出了 C 板背火面钢筋的温度和近受火面钢筋的温度。

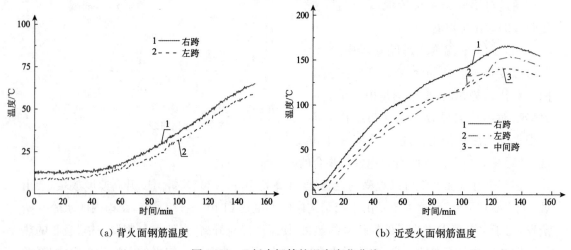

(a) 背火面钢筋温度　　　　　　　　　　(b) 近受火面钢筋温度

图 2-62　C 板内钢筋的温度变化曲线

钢筋处在混凝土介质中,由混凝土通过热传导使钢筋升温。C 板近受火面钢筋温度最高达到了 150℃,背火面的钢筋则基本没有升温,受火 2 h 后温度为 35℃,降温段温度持续上升,最高达到了 65℃。

将图 2-62(a)中背火面钢筋的温度与 180 mm 深处温度曲线,即 C 板混凝土相同深度处的温度相对比,可以发现二者升温同步,且温度相差不大。同理对比图 2-62(b)受火面钢筋温度与 30 mm 深处温度曲线,可以看出二者均大致相同。所以在工程计算的精度范围内,可以认为结构抗火中钢筋温度大致等于同等深度混凝土的温度。

R 板钢筋温度变化与 C 板钢筋温度变化趋势一致。其受火面钢筋随空气温度的升高而上升相对背火面明显。且在炉内空气进入降温段后有一段延迟,然后进入到降温段。受火面钢筋温度在受火 120 min 后高于背火面温度 100℃(图 2-63)。

由于柱四面受火,温度比较高,在 120 分钟时,分别达到了 245℃和 190℃。同样的 3 cm 保护层厚度,要比顶板受火面纵筋的温度普遍高一些。在受火的前 90 min,左右柱内钢筋温度上升趋势一致。右柱的一个测点温度从试验开始不久就明显高于其他测点温度。根据爆裂位置分析,该测点位置在爆裂发生之前就有裂缝出现,导致内部温度高于其他测点(图 2-64)。

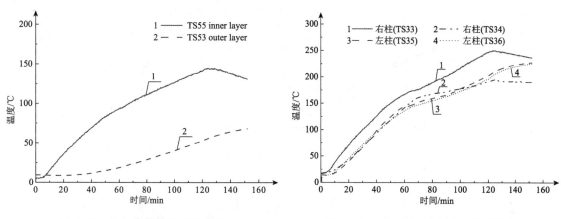

图 2-63 R 板内钢筋的升温曲线   图 2-64 R 柱与 L 柱内钢筋的升温曲线

5. 火灾试验结构位移测量结果及分析

1) 结构的高温变形

在常温加载和恒载升温的过程中,结构本身经历了整体结构的刚体位移、加载和高温下的结构变形。因此在进行结构的高温变形试验结果分析时,首先通过位移计结果进行了整体位移的测量,减掉了结构的刚体位移。图 2-65 为 C 板三跨跨中挠度随受火时间的变化曲线。

在常温时,随着荷载的不断增大,跨中的挠度也在不断增大,直至达到最终荷载。

当升温初期(0~30 min),高温使得受火面的混凝土退化(强度降低、刚度下降),此时高温的膨胀作用还不明显,宏观表现为跨中挠度继续增大。

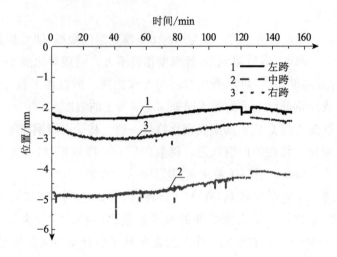

(a) C板三跨的跨中挠度随受火时间的变化

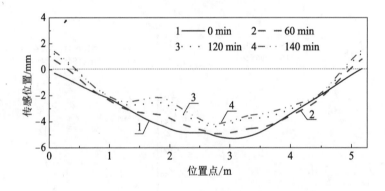

(b) 不同时刻C板沿跨度方向从左到右的挠度变形

图 2-65 顶板的变形结果

当升温一段时间后(30～60 min),受火面混凝土受热膨胀作用不断增强,使挠度增加速度放缓,甚至在一段时间内几乎不发生变化。又过了一段时间(60～120 min),膨胀作用占主导地位,结构的挠度反而开始变小。

熄火后的一段时间里(120～127 min),由于混凝土温度继续升高,挠度继续减小。在熄火7分钟左右,所有挠度发生突变,这是右柱发生了严重的爆裂,爆裂释放的能量使C板向外侧变形。结构爆裂后(127～150 min),承载力严重下降,且温度不断降低,材性退化起主导作用,挠度开始不断增大。

图 2-66 为 R 板的变形结果,随受火时间变化,包括跨中挠度的变化和不同时刻沿结构高度方向的变形。其中向受火面内变形为负。

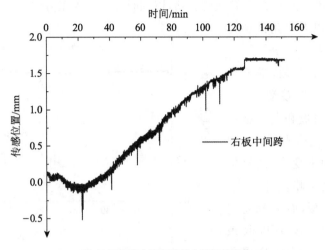

（a）R 板的跨中挠度随受火时间的变化

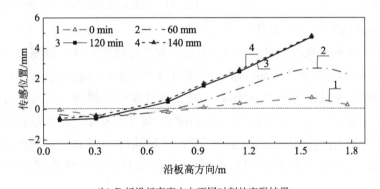

（b）R 板沿板高度方向不同时刻的变形结果

图 2-66 R 板的变形结果

从图 2-66 可以看出：

（1）R 板在常温加载阶段结构并没有向着受力方向弯曲，而是由于受到顶板传递来的弯矩作用的影响，向外隆起，但其数值不大。在高温加热阶段，开始由于材料退化，跨中沿着受力方向移动，一段时间后由于受膨胀作用影响，继续向外隆起。R 板上没有柱的压力作用，上述膨胀作用均由板内侧受热面影响造成的。

（2）进入降温阶段后 7 min 左右发生了结构混凝土的脱落，导致结构的变形测量结果在这个时间点发生了跳跃。

（3）对于常温下的加载，R 板的变形中性点在跨中位置；受火后，由于温度膨胀中性点逐渐下移，受火 120 min 后中性点移到距底板 1/3 位置处。

2）角部的转动

顶板与两个侧面板之间通过测量预埋件的相对位移测量。图 2-67 为预先设置了预埋件的三个角部的相对转角随时间的变化曲线。其中，角 1 和角 2 为 C 板与 R 板的转角和 C

81

板与 L 板的转角,角 3 为 R 板与 F 板的转角,以顺时针方向为正方向。

从图 2-67 可以看出角部整体转动不大,最大转动量近 0.6°。

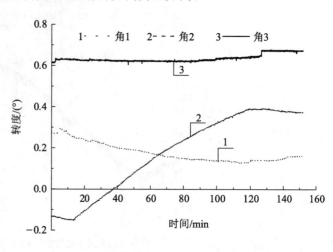

图 2-67　结构的转角随受火时间的变化曲线

(1) 在常温加载阶段,随着荷载的增加,角 1 顺时针转动。角 2 逆时针转动,这与顶板和左右板在加载状态下的整体变形相对应。顶板在弯矩作用下向下变形,两侧板的顶端在弯矩作用下略向外膨胀。同时由于角 1 为 R 板,而 R 板是主动加载板,L 板是从动板,所以 R 板的影响应大于 L 板的影响,所以角 2 逆时针转动量小。

(2) 在升温初期,由于高温使材料性能退化,角 1 继续顺时针转动;一段时间后,随着膨胀作用越来越明显,顺时针转动的量减少,发生逆时针转动;在 127 min 时,由于发生爆裂,出现了跳跃现象;之后,由于发生爆裂结构承载力降低,温度降低膨胀作用减小,角 1 继续顺时针转动。在升温初期,由于高温使材料性能退化,角 2 继续逆时针转动;一段时间后,随着膨胀作用越来越明显,逆时针转动的量减少,朝着顺时针方向转动,最终变为了顺时针转动;在 127 min 的时候,由于发生爆裂结构承载力降低,温度降低膨胀作用减小,角 2 继续朝着逆时针转动,但总体保持顺时针角度。

(3) 在常温加载阶段,角 3 顺时针转动,这主要是顶板传递过来弯矩的影响,这一点在 R 板跨中挠度变化上得到了证实。高温阶段角 3 基本没有变化,在爆裂时发生了数值跳跃。

3) 顶板的翘曲

为了研究顶板在火灾高温下沿着出平面方向的变形情况,在顶板出平面方向分别在距离中线 240 mm 的位置和 500 mm 的位置设置了两个测点,测量两个位置在加载和恒载升温阶段的变形。

从图 2-68(a)中可以看出,在加载阶段,沿着出平面方向不同位置,板的变形一致,此时不存在沿出平面方向的翘曲,混凝土结构具有良好的连续性。而随着恒载加温阶段构件温度的升高,如图 2-68(b)所示,远端(500 mm)测点的变形明显小于加载点近端的测点,板沿出平面方向产生翘曲,这主要是由于混凝土结构受热膨胀,而在出平面方向没有受到约束而导致的。

通过试验结果分析,主要得出以下结论:

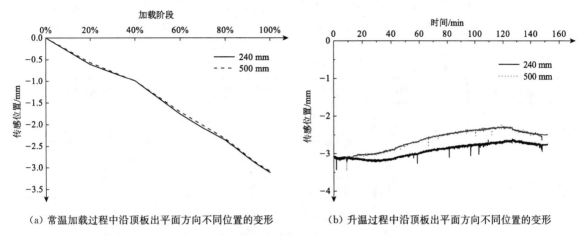

(a) 常温加载过程中沿顶板出平面方向不同位置的变形 　　(b) 升温过程中沿顶板出平面方向不同位置的变形

图 2-68　C 板的翘曲变形随受火时间的变化

（1）爆裂现象的出现与应力和温度场有关系。本次试验只有 R 柱出现了爆裂，而其余受火表面包括放在炉子里的 12 个试件均没有出现爆裂现象。主要是由于柱子温度较高且应力较高。

（2）火灾下，混凝土结构的温度场，具有较大的温度梯度。越靠近受火面，温度越高，温度梯度越大。混凝土温度在 $100\sim120℃$ 时，会出现"升温平台"，一定程度上减小了混凝土温度的上升。混凝土温度的最高峰发生在熄火后，越远离火源的地方，温度最大值出现的时间越晚。钢筋温度与相同深度的混凝土的温度基本一致，在工程允许范围内，可以相互替代。

（3）地下结构的水平构件具有较强的边界约束和轴向应力，会约束膨胀作用的自由发展，一定程度限制高温时挠度和转角的增大。在本试验的温度范围内，膨胀的作用要高于材料退化的作用。

（4）结构抗火的最不利工况可能出现在火灾被灭后。就本次试验而言，严重的爆裂发生在熄火后的一段时间内，结构的承载力迅速下降；就温度场而言，结构的最高温度往往也是在熄火后。

（5）地下建筑结构体系中结构抗火最薄弱构件为柱子，且柱子中部为危险截面。试验中 R 柱的柱中发生了严重的爆裂，其余结构相对完好，说明在地下建筑结构中柱子特别是柱子中部是最薄弱环节，这与地下结构抗震中柱子节点是最薄弱结构不同。建议地下公共建筑结构抗火设计在柱身设置防火保护措施。

2.6　小结

1. 地下公共空间火灾场景设计

首先通过对地下公共空间火灾规模速度和规模设定，设定计算条件和 FDS 模型建立不同的火灾场景，对排烟方案条件下的地下公共空间中心广场区域烟气流动性、温度分布和能见度等特点进行了分析,对不同火灾场景情况下不同起火部位达到地下公共空间火灾临界值的时间等情况进行了分析,某园区地下公共空间火灾场景模拟情况如表 2-13 所示。

表 2-13 地下公共空间火灾场景模拟情况示意

着火楼层	火灾场景	起火部位	位置	到达临界值的时间/s
地下一层	1	火源位置Ⅰ	地下一层	>1 500
			地下二层	>1 500
			地下三层	>1 500
			地下四层	>1 500
	2	火源位置Ⅱ	地下一层	>1 500
			地下二层	>1 500
			地下三层	>1 500
			地下四层	>1 500
地下二层	3	火源位置Ⅲ	地下一层	>1 500
			地下二层	538
			地下三层	>1 500
			地下四层	>1 500
	4	火源位置Ⅳ	地下一层	>1 500
			地下二层	313
			地下三层	>1 500
			地下四层	>1 500
	5	火源位置Ⅴ	地下一层	>1 500
			地下二层	312
			地下三层	>1 500
			地下四层	>1 500
	6	火源位置Ⅴ	地下一层	>1 500
			地下二层	274
			地下三层	>1 500
			地下四层	>1 500

结合某园区地下公共空间特点,通过建立不同楼层、起火部位的火灾场景,对不同场景条件下的火灾临界时间等模拟结果进行了分析。通过火灾场景模拟分析,可以得出火灾场景 1,2 均能满足该地下建筑在火灾发生后的 1 500 s 内不达到危险状态;火灾场景 3,4,5,6 中的地下二层分别在火灾发生后的 538 s,313 s,312 s,274 s 达到危险状态。

2. 高性能混凝土结构试验研究

在典型地下结构火灾场景中,结构的温度场和结构的火灾响应结果,可以为理论分析和数值模拟提供试验支撑,为性能化的结构抗火设计提供试验依据。

参考文献

[1] 尹楠.基于性能化防火设计方法的商业综合体典型空间防火优化设计研究[D].天津：天津大学,2013.

[2] 夏智.寒地大型商业建筑防火性能化设计研究[D].哈尔滨：哈尔滨工业大学,2009.

[3] 童林旭.地下建筑学[M].北京：中国建筑工业出版社,2012.

[4] 李剑.多层综合交通枢纽行人疏散分析影响因素研究[D].北京：北京建筑工程学院,2011.

[5] 李引擎.多层综合交通枢纽防灾设计[M].北京：中国建筑工业出版社,2010.

[6] 周云,汤统壁,廖红伟.城市地下空间防灾减灾回顾与展望[J].地下空间与工程学报,2006,2(3)：
467-474.

[7] 杜宝玲.国外地铁火灾事故案例统计分析[J].消防科学与技术,2007,26(2)：214-217.

[8] 闫治国.隧道衬砌结构火灾高温力学行为及耐火方法研究[D].上海：同济大学,2007.

[9] 周茜.城市地下交通空间安全技术研究[D].北京：北京建筑大学,2015.

[10] 董乃进.大型地下交通建筑消防设计实践[C]//中国市政工程行业协会.2011 中国城市地下空间开发
高峰论坛,北京,2011.

[11] 李炎锋,杜修力,李俊梅,等.地铁换乘站火灾中烟气控制及疏散研究[J].地下空间与工程学报,2011,7
(3)：587-592.

[12] 方银钢.地下空间防火安全研究概述[J].建筑结构,2013(s2)：196-199.

[13] 宋文华,刘子萌,王鹏.公共聚集场所防火设计中的火灾场景设计研究[J].中国安全科学学报,2008,
18(11)：85.

[14] 苏亮.基于 BIM 的地下建筑火灾消防设计研究[D].北京：北京交通大学,2016.

[15] 张娜.长春南站综合交通枢纽消防疏散性能化设计研究[D].长春：吉林建筑大学,2017.

[16] 何利英.中庭式地铁车站火灾安全疏散仿真研究[J].地下空间与工程学报,2010,6(4)：861-866.

[17] 蒲心诚.超高强高性能混凝土[M].重庆：重庆大学出版社,2004.

[18] 蒲心诚,甘昌成,吴礼贤,等.新型结构材料碱矿渣(JK)高级混凝土研究[J].硅酸盐建筑制品,1988(1)：
6-11.

[19] 陈剑雄,蒲心诚,甘昌成,等.向实用化迈进的高强与超高强混凝土[J].重庆建筑大学学报,1991(3)：
99-126.

[20] 蒲心诚.超高强高性能混凝土的强度构成分析[J].混凝土与水泥制品,1999(1)：7-10.

[21] 蒲心诚,严吴南,王冲.硅灰对 150 MPa 超高强高流态混凝土的强度及流动性的贡献[J].混凝土与水泥
制品,2000(1)：8-12.

[22] 蒲心诚,王志军.超高强高性能混凝土的力学性能研究[J].建筑结构学报,2002,23(6)：49-55.

[23] 王冲,蒲心诚,陈科,等.超低水胶比水泥浆体材料的水化进程测试[J].材料科学与工程学报,2008(6)：
852-857.

[24] 王冲,蒲心诚.超高强混凝土的制备及其强度基础分析[J].材料科学与工程学报,2008,26(4)：
516-519.

[25] 朱佑国,朱效嘉.硅灰超高强混凝土及其初步应用[J].混凝土,1994(4)：20-24.

[26] 欧阳东,余斌.超高强混凝土基本力学性能的研究[J].重庆建筑大学学报,2003,25(4)：38-42.

[27] 蒲心诚,王勇威.超高强高性能混凝土的孔结构与界面结构研究[J].混凝土与水泥制品,2004(3)：
9-13.

［28］黄爆镇,钱觉时.高强及超高强混凝土的脆性与强度尺寸效应[J].工业建筑,2005,35(1):15-17.

［29］徐欣,张蕴颖,赵凯.C80～C100 高强混凝土的工程应用及其长期强度[J].试验研究,2011(11):68-70.

［30］中国城市轨道交通年度报告课题组.中国城市轨道交通年度报告 2012[M].北京:北京交通大学出版社,2013.

［31］周云,汤统壁,廖红伟.城市地下空间防灾减灾回顾与展望[J].地下空间与工程学报,2006(3):467-474.

［32］卢丽敏,袁勇,柳献.基于 FDS 模拟的某地铁车站的火灾特点分析[C]//中国力学学会.第 17 届全国结构工程学术会议,武汉,2008.

［33］崔彦轩.地铁车站结构性能化防火设防[D].上海:同济大学,2015.

［34］中华人民共和国建设部.地铁设计规范:GB 50157—2003[S].北京:中国计划出版社,2003.

［35］中华人民共和国建设部.人民防空工程设计防火规范:GB 50098—98[S].北京:中国计划出版社,2001.

［36］朱合华,闫治国,梁利,等.不同火灾升温曲线下隧道内温度场分布规律研究[J].地下空间与工程学报,2012,8(1):1595-1600.

［37］袁勇,邱俊男.地铁火灾的原因与统计分析[J].城市轨道交通研究,2014,17(7):26-31.

［38］崔彦轩,袁勇,邱俊男,等.试论地下公共建筑的火灾设防等级[J].城市建筑,2014(4):207-209.

［39］崔彦轩.地铁车站结构性能化防火设防[D].上海:同济大学,2014.

［40］邱俊男.地铁车站结构抗火性能分析与抗火设计体系研究[D].上海:同济大学,2015.

［41］LNNERMARK A, INGASON H. Gas temperatures in heavy goods vehicle fires in tunnels[J]. Fire Safety Journal, 2005(40):506-527.

［42］BARNE'IT C R. BFD curve: a new empirical model forfire compartment temperatures[J]. Fire Safety Journal, 2002(37):437-463.

［43］Ali F, Nadjai A, Abu-Tair A. Explosive spalling of normal strength concrete slabs subjected to severe fire [J]. Materials & Structures, 2011, 44(5):943-956.

［44］Peng G F, Jiang Y C, Li B H, et al. Effect of high temperature on normal-strength high-performance concrete[J]. Materials Research Innovations, 2014, 18(S2):290-293.

［45］Chan Y N, Peng G F, Anson M. Residual strength and pore structure of high-strength concrete and normal strength concrete after exposure to high temperatures[J]. Cement & Concrete Composites, 1999, 21(1):23-27.

［46］Long T P, Carino N J. Review of Mechanical Properties of HSC at Elevated Temperature[J]. Journal of Materials in Civil Engineering, 1998, 10(1):58-65.

［47］Kodur V K R, Phan L. Critical factors governing the fire performance of high strength concrete systems[J]. Fire Safety Journal, 2007, 42(6-7):482-488.

［48］Chan S Y N, Peng G F, Chan J K W. Comparison between high strength concrete and normal strength concrete subjected to high temperature[J]. Materials & Structures, 1996, 29(10):616.

［49］Ali F. Is high strength concrete more susceptible to explosive spalling than normal strength concrete in fire? [J]. Fire & Materials, 2010, 26(3):127-130.

［50］Phan L T, Carino N J. Effects of Test Conditions and Mixture Proportions on Behavior of High-

Strength Concrete Exposed to High Temperatures[J]. Aci Materials Journal, 2002, 99(1): 54-66.

[51] Richard P. Reactive powder concretes with high ductility and 200-800 MPa compressive strength[J]. Aci Spring Conversion, 1994, 114: 507-518.

[52] Richard P, Cheyrezy M. Composition of reactive powder concretes[J]. Cement & Concretce Research, 1995, 25(7): 1501-1511.

[53] Park SH, Oh HH, Shin YS, et al. A case study on the fire damage of the underground box structures and its repair works. Tunneling and Underground Space Technology, 2006, 21 (3): 328-328.

[54] Jiang TH, Peng JR, Zhang WM. Detection and reinforce of a reinforced concrete box culvert suffered a conflagration[J]. Advanced Material Research, 2011, 228: 1047-1050.

[55] Li ZL, Wu HL, Liu ZY, et al. Damage assessment and repair design and implementation for underpass bridge based on fire effects. Applied Mechanics and Materials, 2012, 226: 1674-1678.

[56] Annerel E, Taerwe L, Jansen D, et al. Thermo-mechanical analysis of an underground car park structure exposed to fire[J]. Fire Safety Journal, 2013, 57 (4): 96-106.

[57] Annerel E, Lu LM, Taerwe L. Punching shear tests on flat concrete slabs exposed to fire[J]. Fire Safety Journal, 2013, 57: 83-95.

[58] O'Connor D J, Silcock G. A strategy for the fire testing of reduced scale structural models[J]. Fire Technology, 1992, 28(1): 48-69.

[59] O'Connor D J, B M. A Model Fire Test for Parametric Testing of Half Scale Structural Components [J]. Fire Safety Science, 1997(5): 997-1008.

[60] O'Connor D J, Silcock G, Morris B. Furnace heat transfer processes applied to a strategy for the fire testing of reduced scale structural models[J]. Fire Safety Journal, 1996,27(1): 1-22.

第 3 章

地下空间抗震性能研究

3.1 地下结构抗震性能数值分析方法

3.1.1 概述

目前,地下结构抗震分析方法主要有动力时程分析法和拟静力分析法。动力时程分析法源于 20 世纪 60 年代,通过直接求解动力微分方程得到结构的地震响应。根据结构的地震响应原理,结构抗震分析方法又可分为频域分析法与时程分析法。频域分析法是利用傅立叶变换首先计算结构体系的频域传递函数,求得频域解后再通过傅立叶逆变换求得时域解;频域分析计算速度较快,但由于其采用了叠加原理,故仅适用于线性结构系统,且不能求解非线性问题。时程分析法是将地震动时程直接代入振动微分方程,将地震时长划分为许多微小的时间段,通过振动微分方程逐步积分求出结构在整个时间历程的地震响应。相比于频域分析法,时程分析法的优势在于:可解决各类非均匀、非线性问题,可真实模拟土-工程结构相互作用。但时程分析法同样存在模型边界处理复杂、计算工作量大、结果处理烦琐等问题,导致其在工程实践中分析效率较低。为了研究地下结构在地震作用下的薄弱环节与受力机理,需要提出一个合理的、有效的数值模型。

3.1.2 增量时程分析法

1. 增量时程分析法基本原理

增量时程分析法的基本思想最早于 1977 年由 Bertero 提出,作者研究发现不同地震动记录会对结构动力响应产生不同的影响,应考虑包含不同类型的地震动并对结构进行动力分析,同时地震动强度的增量分析对结构的影响是显著的。而由于当时数值计算手段和方法十分有限,增量动力分析很难开展,并未引起学者们的重视。直到 20 世纪末,该思想在一些研究中得到了应用,在当时被称作 Dynamic Pushover、Incremental Dynamic Collapse Analysis。2000 年,美国联邦紧急救援署(Federal Emergency Management Agency, FEMA)将该方法纳入 FEMA 350/351,同时命名为 Incremental Dynamic Analysis (IDA),

作为评估钢框架结构整体抗倒塌能力的一种方法。2002 年,Vamvatsikos 等系统地总结了 IDA 方法的基本原理和实施流程。

　　IDA 方法的基本原理是,对结构施加一个或多个地震动,对每一条地震动记录乘以一系列比例系数,从而调幅成为具有多重强度水平的一系列地震动记录;计算结构在这组调幅地震动作用下的非线性动力时程反应;选择合适的地震动强度参数(Intensity Measure,IM)和研究对象的结构破坏参数(Damage Measure,DM)对计算结果进行后处理,得到地震动强度参数和结构破坏参数的关系曲线,即 IDA 曲线;每一条地震动记录对应一条 IDA 曲线,变换地震动记录,从而得到多记录 IDA 曲线簇;按照一定的统计方法对其进行统计分析,从概率意义上评价在不同地震危险性水平下的结构性能,如立即使用(Immediate Occupancy,IO)、防止倒塌(Collapse Prevention,CP)、整体失稳(Global Instability,GI)等性能水平。

　　根据增量动力分析,得到多记录 IDA 曲线的变异性和稳定性:

　　(1) 可全面了解结构在潜在地震动强度水平下结构动力响应或者性能需求。

　　(2) 更好地研究结构在罕遇或极罕遇地震强度作用下的结构动力响应。

　　(3) 更好地反映随着地震动强度的不断增大,结构动力响应的变化情况(如峰值变形模式的变化,刚度和强度退化的模式及幅值的变化)。

　　(4) 可进行结构全局系统的动力承载力评估。

2. 基本概念

　　(1) 原始地震动记录 $a\lambda$ 是指从地震动记录数据库中选择能够代表结构场地特性的地震动记录。比例系数 λ(Scale Factor,SF)是一个非负数,和原始地震动记录相乘获得不同强度水平的地震动记录。

　　当 $\lambda=1$ 时,代表原始地震动记录;当 $\lambda<1$ 时,代表缩小的原始地震动记录;反之,当 $\lambda>1$ 时,表示放大原始地震动记录。

　　目前常用的做法是首先确定一个用于初始弹性分析的地震动强度水平,再按照一定的增量逐级提高地震动强度水平。

　　(2) 地震动强度参数(Intensity Measure,IM)是用来表征地震动强度的参数,通常具有单调性和可调幅性。能够表征地震动强度的参数很多,常用的可缩放的地震动强度参数有峰值加速度(Peak Ground Acceleration,PGA)和峰值速度(Peak Ground Velocity,PGV),结构基本周期对应的 5% 阻尼比加速度反应谱 $Sa(T_1,5\%)$ 等。

　　(3) 结构破坏参数(Damage Measure,DM)或者结构状态变量(Structural State Variable,SSV),用来表征结构在地震荷载作用下动力响应的参数。换言之,结构破坏参数能够直接通过结构的非线性动力分析得到。常用的结构破坏参数有:最大基底剪力、楼层最大延性、节点转动、各种能够描述损伤的参数(例如,整体累积滞回耗能,整体 Park-Ang 指数)、顶点峰值位移、楼层最大层间位移角等。结构破坏参数的选择主要依据研究目的和结构自身特性。通常,在基于性能的地震工程评估中,可以选择两个或者多个结构破坏参数来评估结构的动力响应特性、极限状态及破坏模式。当多层框架结构中的非结构构件的破坏程度需要评估时,楼层峰值加速度是较为理想的 DM；而对框架结构整体破坏程度的评价，最大层间位移角 $\theta_{\max}$ 因其能够较好地反映节点转动以及局部和整体的倒塌，因此，$\theta_{\max}$ 是较合适的 DM。

（4）单记录 IDA 分析是指对一特定的地震动记录，通过比例系数调幅至不同地震动强度水平，并将这些调幅后的地震动分别作为荷载，输入结构分析模型中，进行动力时程分析，从而得到每一调幅地震动强度下结构的动力响应特性 DM 值，将若干 IM 和 DM 点进行连线即为单记录 IDA 曲线，这一分析过程即为单记录 IDA 分析。由于地震自身的不确定性，不同地震波所包含的频谱、强度和持时是不尽相同的，即单记录 IDA 分析不能够完全描述结构在未来地震中可能出现的动力响应，这一特点说明 IDA 分析结果与地震动记录的选取密切相关。因此，在 IDA 分析中，需要选取足够数量的地震动记录，覆盖结构可能产生的动力响应范围。多记录 IDA 分析是指对一特定结构体系在不同原始地震动条件下分别进行单记录 IDA 分析的集合，从而得到多条 IDA 曲线的过程，这些 IDA 曲线称为多记录 IDA 曲线簇。由于每一条 IDA 曲线都是在一个特定结构分析模型和特定的地震波作用下进行的，是完全确定的过程，要考虑地震动自身的不确定性，应该尽可能多地获取不同地震动记录的 IDA 曲线，通过统计分析的方法得到具有统计意义的 IDA 曲线。

3. 实施步骤

在 FEMA 350/351 中对 IDA 实施步骤的描述如图 3-1 所示。

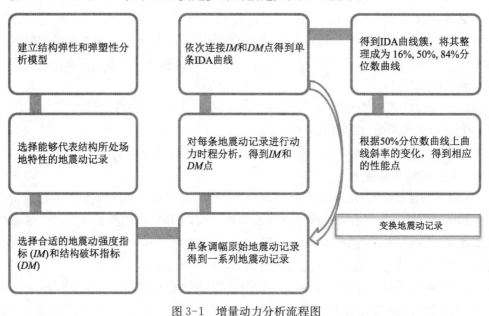

图 3-1　增量动力分析流程图

其中，将 IDA 曲线簇整理成 16%，50%，84% 分位数曲线，即为具有统计意义的 IDA 曲线。对该曲线整理过程如下：首先，假定 DM 对 IM 的条件概率分布满足对数正态分布。基于这一假定，在对数坐标空间，$\ln(DM)$ 和 $\ln(IM)$ 呈线性关系。当 $IM=x$ 时，DM 的条件概率分布满足对数正态分布，那么当 $IM=x$ 时，DM 的自然对数 $\ln(DM\mid IM=x)$ 服从正态

分布 $N(\mu,\sigma)$，其中 $\mu=E[\ln(DM)]=\ln\eta_{DM/IM}$，$\sigma=\beta_{DM/IM}$，$\eta_{DM/IM}$ 和 $\beta_{DM/IM}$ 分别为 $IM=x$ 条件下的中位数和标准差。除平均值、标准差和中位数外，工程上还较为关心的统计量是 $\mu\pm\sigma$，即 $\ln\eta_{DM|IM}\pm\beta_{DM|IM}=\ln(\eta_{DM|IM}\cdot e^{\pm\beta_{DM|IM}})$。

根据正态分布的性质得到，$\dfrac{\ln(DM\mid IM=x)-\mu}{\sigma}$：$N(0,1)$ 分布，因此：

$$P[DM\leqslant\eta_{DM|IM}\mid IM=x]=P[\ln DM\leqslant\ln\eta_{DM|IM}\mid IM=x]$$
$$=P\left[\frac{\ln\eta_{DM|IM}-\ln\eta_{DM|IM}}{\beta_{DM|IM}}\mid IM=x\right]$$
$$=\Phi(0)=1-0.5=0.5 \tag{3-1}$$

$$P[DM\leqslant\eta_{DM|IM}g\,e^{+\beta_{DM|IM}}\mid IM=x]=P\left[\frac{\ln\eta_{DM|IM}g\,e^{+\beta_{DM|IM}}-\ln\eta_{DM|IM}}{\beta_{DM|IM}}\mid IM=\chi\right]$$
$$=\Phi(1)=0.8413 \tag{3-2}$$

$$P[DM\leqslant\eta_{DM|IM}g\,e^{-\beta_{DM|IM}}\mid IM=x]=P\left[\frac{\ln\eta_{DM|IM}g\,e^{-\beta_{DM|IM}}-\ln\eta_{DM|IM}}{\beta_{DM|IM}}\mid IM=x\right]$$
$$=\Phi(-1)=1-0.8413=0.1587 \tag{3-3}$$

综上所述，$\eta_{DM|IM}g\,e^{-\beta_{DM|IM}}$，$\eta_{DM|IM}$，$\eta_{DM|IM}g\,e^{+\beta_{DM|IM}}$ 分别对应 $IM=x$ 条件下 DM 值的 16%，50% 和 84% 分位数，相应的超越概率分别为 84%，50% 和 16%。通过数据处理可得到具有统计意义的 IDA 分位数曲线，实现 IDA 曲线基于概率的抗震性能评估。

3.1.3 地下多层板柱结构破坏分析方法

1. 地震动强度参数（IM）选取

IM 是表征地震动强度的指标，IM 指标的合理选取是正确有效进行 IDA 分析的关键前提。随着认识的深入，特别是强震加速度时程记录的积累，人们明确了地震动频谱特性的重要性，就像声波、光波和电波一样，不考虑频谱是不可能了解振动现象的。这是有了强震记录后的必然结果，因为振动的特性就是周期，具有频谱的含义。过去不大重视地震动持时的重要性，随着强震记录的大量积累，土体变形、砂土液化以及结构非弹性破坏研究的深入，研究者们逐步明确地震动持时是一个重要因素。对工程抗震而言，地震动的特性可以通过地震动的振幅、频谱和持时来描述。

2. 结构破坏参数（DM）选取

DM 是用来表征在地震作用下结构破坏程度的参数。它的选取应根据结构的用途及其自身的特性确定。迄今为止对地下结构 DM 的选取研究相对较少，地下结构的抗震设计及其相应规范中用于衡量地下结构动力响应的指标仍沿用地上结构，如最大层间位移角（θ_{max}）。考虑 θ_{max} 能够较好地反映节点转动以及结构的变形性能，因此，将 θ_{max} 作为结构破坏指标。

从能量守恒的角度来看，地下结构在地震作用下的破坏可以看作是地震能量在结构中的传递、转化和消耗的过程。因此，可以考虑从能量的角度对结构在地震作用下的破坏程度进行评价。考虑将结构整体滞回耗能（包括结构塑性耗能 E_p 和结构损伤耗能 E_{DMD}）与结构总输入能（包括结构塑性耗能 E_{DMD}、结构动能 E_{KE}、结构弹性应变能 E_E）的比值，即能量比作为结构破坏指标：

$$R_E = \frac{E_p + E_{DMD}}{E_I} = \frac{E_p + E_{DMD}}{E_{KE} + E_p + E_E + E_{DMD}} \tag{3-4}$$

式中，R_E 为能量比。

3. IDA 曲线基本特征

图 3-2 和图 3-3 分别给出了采用 θ_{max} 和 R_E 作为结构破坏指标得到的 IDA 曲线簇。对同一结构和土层条件，在不同地震动作用下，结构的响应存在差异，但其发展趋势基本相同。而不同 IM 对应的 IDA 曲线尽管发展趋势基本相同，但却呈现出不同的离散性。

由图 3-2 所示，结构的最大层间位移角均随着地震动强度的增加而不断增大，且增大幅度不断提高，曲线斜率逐渐减小。在曲线发展初期，结构处于弹性阶段，曲线呈线性增长，该段斜率即为弹性斜率；当进入弹塑性阶段，曲线开始发生波动，斜率下降，结构的层间位移由于周围土体的约束不会在较强地震动作用下迅速增加。

当 IM 取峰值加速度 PA 时，如图 3-2(a)所示，不同地震动作用下，结构的动力响应差异随着 PA 的增大而变得较为显著，当 $PA = 0.2\,g$ 时，θ_{max} 覆盖范围为 $0.003 \sim 0.015$；当 PA 增大到 $0.4\,g$ 时，θ_{max} 覆盖范围变大，在 $0.009 \sim 0.064$ 之间，不同地震动调幅的最大强度在 $0.4\,g \sim 1.2\,g$ 之间。

当 IM 取调幅参数峰值速度 PV 时，如图 3-2(b)所示，可以更明显地观察到，随着地震动强度的提高，θ_{max} 的分布范围变大，当 PV 调幅至 $0.8\,m/s$ 时，θ_{max} 分布范围最大，在 $0.009 \sim 0.085$ 之间。

当 IM 取峰值位移 PD 时，如图 3-2(c)所示，调幅不同地震动记录得到 IDA 曲线差异更为明显，在 PD 较小（如 $PD < 0.2\,m$）时，θ_{max} 的分布范围已达到 $0.003 \sim 0.049$ 之间，由 IM 选取的有效性可知，在特定的 IM 强度水平下，得到的结构动力响应差异相对较小，方可提高增量动力分析的计算效率，因此，PD 不能作为地下结构 IM 的首选参数。

当 IM 取 I_a 时，如图 3-2(d)所示，IM 和 DM 点主要分布在 $I_a < 5\,m/s$ 范围内，调幅峰值速度尚未得到较大的 I_a 值，当 $I_a = 5\,m/s$ 时，结构的 θ_{max} 分布范围为 $0.013 \sim 0.063$，即采用 I_a 作为 IM 不能较好地反映结构动力响应特性随着地震动强度提高的变化规律。

当 IM 取结构底部峰值加速度 PBA 时，如图 3-2(e)所示，调幅不同地震动记录得到的 IDA 曲线呈现较为一致的变化规律，当 $PBA < 0.5\,g$ 时，不同地震动记录对应的 IDA 曲线差异较小，且呈现出明显的线性变化规律，很好地满足了 IM 参数选取的有效性，当 $PBA > 0.5\,g$ 时，结构进入弹塑性阶段，结构的动力响应出现显著差异，θ_{max} 的分布范围在不断扩大，此外，从 PBA 的取值可以发现，结构底部峰值加速度 PBA 较基岩输入处的峰值加速度 PA 明显增大，这也反映了土层的放大效应的基本规律。

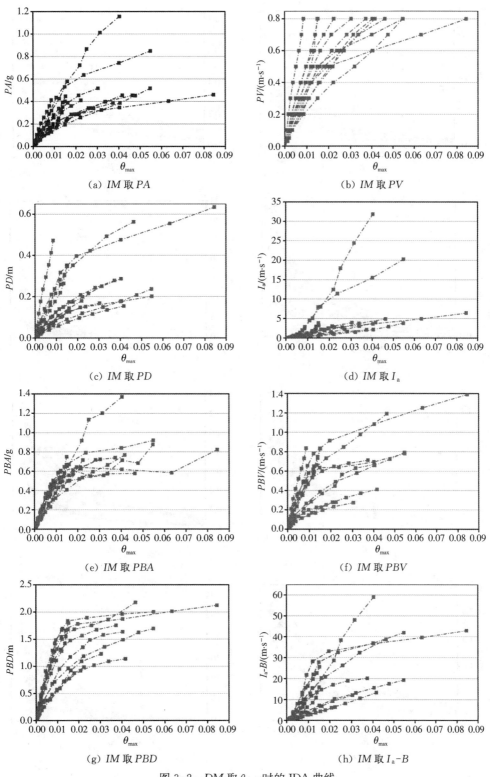

(a) IM 取 PA

(b) IM 取 PV

(c) IM 取 PD

(d) IM 取 I_{a}

(e) IM 取 PBA

(f) IM 取 PBV

(g) IM 取 PBD

(h) IM 取 I_{a}-B

图 3-2　DM 取 $\theta_{\max}$ 时的 IDA 曲线

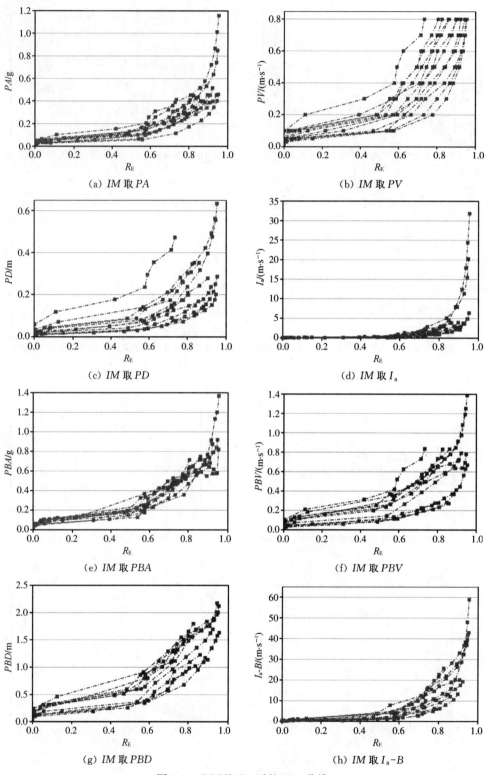

(a) IM 取 PA

(b) IM 取 PV

(c) IM 取 PD

(d) IM 取 I_a

(e) IM 取 PBA

(f) IM 取 PBV

(g) IM 取 PBD

(h) IM 取 I_a-B

图 3-3 DM 取 R_E 时的 IDA 曲线

当 IM 取结构底部峰值速度 PBV 时,如图 3-2(f)所示,调幅不同地震动记录得到的 IDA 曲线斜率存在显著差异,与 IM 取峰值位移 PD 的曲线变化规律相近,不能很好地满足 IM 选取的有效性,从 PBV 的取值范围可以发现,由基岩处传到结构底部,地震波的峰值速度在变大。

当 IM 取结构底部峰值位移 PBD 时,如图 3-2(g)所示,不同地震动记录对应的 IDA 曲线在 PBD<1.0 m 时差异较小,当 PBD 超过 1.0 m 时,IDA 曲线斜率不断降低,曲线间的差异不断增大;从 θ_{max} 的变化范围可以发现,当 θ_{max}>0.01 时,曲线间的差异更为明显,对比图 3-2(c)中 PD 的取值,可以发现:由基岩处传到结构底部,地震波的峰值位移同样得到了放大。

当 IM 取结构底部 Arise 强度 I_a-B 时,如图 3-2(h)所示,曲线变化规律同图 3-2(f),不同地震动记录对应的 IDA 曲线斜率差异较大,在 I_a-B 为 10 m/s 时,θ_{max} 的分布范围在 0.005~0.034 之间,曲线离散性较大;对比图 3-2(f)中 I_a 的取值发现,从基岩到结构底部,I_a 参数的变化范围显著增大,最大值由 32 m/s 增大到 59 m/s。

图 3-3 是地面结构中若干 IDA 曲线簇,从图中曲线的变化不难发现,地表结构的 IDA 曲线在地震动强度 IM 增大到一定水平时,结构的变形会出现急剧增大,曲线出现水平段。依据地表结构 IDA 曲线的斜率变化特点,FEMA-351 对结构的极限状态点进行了定量描述,将 IDA 曲线斜率下降至曲线弹性斜率的 20% 定义为防止倒塌极限点;而从地铁车站结构的 IDA 曲线有限的斜率变化可知,对地铁车站结构的极限状态点的定义不能直接沿用地表结构的方法,即不能直接根据曲线斜率的变化特点进行定量描述(图 3-4)。

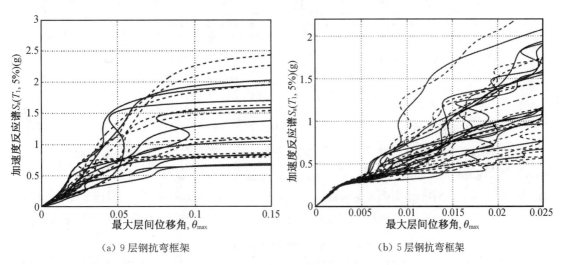

(a) 9 层钢抗弯框架   (b) 5 层钢抗弯框架

图 3-4　地面结构 IDA 曲线

3.1.4　地下多层板柱结构易损性分析方法

1. 极限状态

根据 IDA 曲线的计算结果,对多层地铁车站进行基于概率的地震易损性评估,进一步考察多层车站结构的损伤发展过程和达到不同极限状态的超越概率,并分析两种地震动输入方式下的结构地震易损性。

由于对同一结构,不同极限状态对应的界限值与结构自身特性有关,而与地震动的输入方式无关。因此,在多层地铁车站极限状态的基础上对两种地震动输入方式下的地震易损性曲线进行分析。

2. 地震易损性曲线

依据地震易损性曲线的计算方法,对于某一特定的 IM,可计算 DM 超越某一特定极限状态的概率,从而可以得到一系列相应每个地震动强度的 $P(LSi)$ 和 IM 点。然后,通过MATLAB 软件进行非线性回归分析,采用对数正态分布函数对各个 $P(LSi)$ 和 IM 点进行拟合,从而将各个极限状态对应的超越概率通过连续性曲线进行表达。根据以上程序,多层车站对应四个极限状态的界限值,可以得到两种地震动输入方式下对应的地震易损性曲线,如图 3-5 所示。

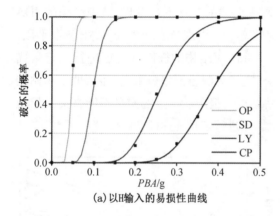
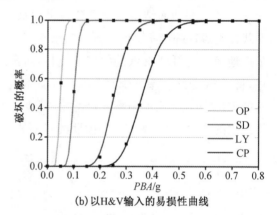

(a) 以H输入的易损性曲线　　　　　　(b) 以H&V输入的易损性曲线

图 3-5　多层地铁车站地震易损性曲线

3. 地震易损性分析

根据地震易损性曲线,考察 7 度抗震设防地震动强度下多层地铁车站的地震易损性,主要包括:7 度设计地震强度和 7 度罕遇地震强度。其中,7 度设计地震强度对应的 $PGA = 0.1\,g$,50 年超越概率 10%;7 度罕遇地震强度对应的 $PGA = 0.22\,g$,50 年超越概率 2%。根据地震易损性曲线可以计算出多层地铁车站在地震动强度下超越四个极限状态的概率,如表 3-1、表 3-2 所示。

表 3-1　极限状态超越概率($PGA = 0.1\,g$)

地震动 输入方式	PGA /g	PBA /g	极限状态			
			正常使用 /%	轻微破坏 /%	生命安全 /%	倒塌破坏 /%
H 输入	0.1	0.074	99.9	11	0	0
H&V 输入	0.1	0.074	97.8	4.7	0	0

表 3-2　极限状态超越概率(*PGA*＝0.22 g)

地震动 输入方式	*PGA* /g	*PBA* /g	极限状态			
			正常使用 /%	轻微破坏 /%	生命安全 /%	倒塌破坏 /%
H 输入	0.22	0.160	100	99.2	2.2	0
H&V 输入	0.22	0.160	100	99.9	0.56	0

　　每个地震动强度下的 *PBA* 通过平均转换法由 PGA 计算得出,如表 3-1 所示。由表3-1和表3-2可知:两种地震动输入方式对应的结构超越四个极限状态的概率相差不大。其中,在设计地震动强度下,结构在两种输入条件下均有发生轻微破坏的可能;而在罕遇地震强度下,结构会达到生命安全的极限状态,但不会发生倒塌。此多层地铁车站结构基本满足了我国规范中对地下结构要求"中震不坏,大震可修"的设计理念。

　　采用 DC 指标考察多层车站结构出现塑性铰区域(出铰)顺序及薄弱环节,塑性铰区域同样取 0.5 倍构件截面高度进行分析,并对塑性铰区域的破坏程度进行判断。

　　表 3-3 和表 3-4 分别给出了同一地震强度下,两种地震动输入方式对应的多层车站的DC 分布图。该车站的破坏过程总结如下:

　　两种输入方式对应四个代表性时刻点相差不大,且损伤分布图中的 DC 变化规律基本一致。因此,以 H&V 输入的损伤分布图为例,对多层车站的出铰模式进行分析:在 7.17 s时,结构各构件完好,均未出现塑性铰,塑性铰主要分布在柱构件的两端。其中,底层柱下端首先出现相对较大的损伤;在 7.33 s 时,损伤分布主要分布在柱构件上下两端,各层柱底端的损伤增长较快,底层柱下端的损伤达到 0.35,柱端塑性铰区域出现轻微破坏;在 9.21 s 时,各层柱端塑性损伤均有明显发展,顶板端部也出现了一定程度的损伤,其中,顶层和底层柱端塑性发展较为迅速,顶层右柱顶端 DC 达到 0.7,塑性铰区域达到了中等破坏程度,底层柱端的 DC 也超过了 0.35,出现轻微破坏,地下三层的塑性损伤发展较为缓慢,柱构件基本完好,DC 仍控制在 0.15 以内;在 12.9 s 时,结构的柱端以及梁端均出现了较为明显的塑性铰,尤其是顶层柱顶端和底层柱下端塑性铰区域的 DC 值均超过了 0.7,此时柱构件由于其两端损伤较为严重而不能正常使用,同时,其他两层损伤也超过了 0.35,发生中等破坏,因此,结构无法正常使用。

　　综上所述,结构的出铰顺序为底层柱端—顶层柱端—中间两层柱端以及楼板和侧墙端部;该结构的主要薄弱环节:顶层柱上端和底层柱下端。

表 3-3　H 输入的多层地铁车站的损伤发展过程

时刻/s	受压损伤分布		时刻/s	受压损伤分布	
7.18	0.04	0.09	9.22	0.22	0.72
	0.06	0.03		0.09	0.07
	0.03	0.06		0.16	0.30
	0.08	0.06		0.13	0.13
	0.01	0.05		0.12	0.18
	0.05	0.03		0.08	0.07
	0.03	0.07		0.22	0.62
	0.14	0.15		0.56	0.42
7.33	0.04	0.09	12.85	0.74	0.86
	0.07	0.04		0.28	0.19
	0.02	0.06		0.45	0.73
	0.10	0.08		0.69	0.56
	0.00	0.04		0.38	0.75
	0.07	0.05		0.71	0.46
	0.02	0.08		0.61	0.84
	0.35	0.28		0.90	0.90

表 3-4　H&V 输入的多层地铁车站的损伤发展过程

时刻/s	受压损伤分布		时刻/s	受压损伤分布	
7.17	0.04	0.09	9.21	0.20	0.70
	0.06	0.03		0.10	0.07
	0.03	0.06		0.16	0.27
	0.07	0.06		0.14	0.13
	0.01	0.04		0.12	0.15
	0.04	0.03		0.09	0.06
	0.03	0.07		0.21	0.48
	0.12	0.15		0.58	0.42
7.33	0.04	0.09	12.9	0.70	0.85
	0.07	0.04		0.28	0.18
	0.02	0.06		0.42	0.66
	0.10	0.08		0.68	0.59
	0.00	0.04		0.37	0.66
	0.07	0.05		0.73	0.51
	0.02	0.07		0.60	0.80
	0.35	0.28		0.89	0.91

根据结构的受压损伤分析得出该多层车站结构的薄弱环节为顶层和底层柱端,因此,本节重点研究了中柱的破坏模式,表 3-5 和表 3-6 分别给出了两种地震动输入方式下的各构件的 M-N 曲线与动力响应关系图。由图可知,两种地震动输入方式对各构件的破坏模式影响较小,以 H&V 输入结果为例对中庭车站各构件的破坏模式进行分析:

(1) 结构顶层中柱最危险,试验中,从表 3-3、表 3-4 中受压损伤分布差值中发现的动力响应点已超出了承载力曲线,综合抗剪承载力的验算结果,该顶层中柱在较强的地震作用下会发生受弯破坏。

(2) 地下二层也较为危险,动力时程点几乎与承载力曲线重合,说明第二层构件在更强的地震动作用下会发生受弯破坏。

（3）地下三层和底层由于柱截面设计较大,则相对安全,动力时程点均在承载力曲线范围内,抗剪承载力均满足相应的动力需求。

结构顶层由于层高较高,且截面面积相对较小,因此顶层中柱出现较大的损伤,截面抗弯承载力在所有构件中首先不能满足构件的动力需求;而地下二层中柱同样由于截面设计较小,相对地下三层和底层更危险。分析结果表明：车站结构的柱截面大小是结构抗震中防止发生受弯破坏的重要因素之一。

表 3-5　H 输入的结构各层中柱 M-N 曲线与中柱动力响应

层数	中柱 M-N 曲线与中柱动力响应	剪力/kN	破坏模式
1		$516 < V_u = 1\,666$	受弯破坏
2		$1\,219 < V_u = 1\,633$	—
3		$1\,413 < V_u = 1\,594$	—

层数	中柱 M-N 曲线与中柱动力响应	剪力/kN	破坏模式
4		$1\,327 < V_{\mathrm{u}} = 1\,550$	—

表 3-6　H&V 输入的结构各层中柱 M-N 曲线与中柱动力响应

层数	中柱 M-N 曲线与中柱动力响应	剪力/kN	破坏模式
1		$566 < V_{\mathrm{u}} = 1\,666$	受弯破坏
2		$1\,245 < V_{\mathrm{u}} = 1\,633$	—
3		$1\,462 < V_{\mathrm{u}} = 1\,594$	—

(续表)

层数	中柱 M-N 曲线与中柱动力响应	剪力/kN	破坏模式
4		$1\,368 < V_u = 1\,550$	—

3.1.5 地下多层板柱结构减隔震分析方法

在日本的阪神地震发生严重破坏的地铁车站中,大量结构中柱开裂倒塌,纵向钢筋被压弯外凸,箍筋接头开脱失效,中柱破坏位置多位于柱脚和柱顶与板连接处,破坏的形式包括弯曲破坏、剪切破坏及弯剪联合破坏。不少学者对地铁车站地震响应的研究表明,地铁车站的中柱是车站抗震的重要构件,同时也是抗震的薄弱环节,学者主要相关的研究如下:

(1)中柱在地震作用下产生滑移剪切破坏是导致地铁车站破坏的主要原因。

(2)承担上部土层重量的中柱在遇到特别频率的弹性地震波时可能发生共振,而柱子承担的覆重同样影响柱子的固有频率,依此解释了不同断面出现中柱破坏程度不同的原因。

(3)中柱的剪切破坏要先于顶板和侧墙的弯曲破坏,同时还指出土层厚度越厚对地下结构破坏越大。

(4)大开车站的中柱在水平和竖向地震动作用下产生的较大内力,导致了整个地下结构的破坏。

(5)在软土地铁车站中,中柱是地铁车站地震响应最薄弱的位置,且对于两层双柱三跨地铁车站的典型结构,下层中柱的响应更突出。

软土地区的中庭式地铁车站中柱在地震作用下剪力和弯矩的增幅(相对静力的作用)显著,设防烈度地震作用下最大增幅甚至超过 200%。

大多数地铁车站的中柱与楼板的连接处都有锚固钢筋,相当于与楼板刚接,在地震作用下,中柱的内力增加很明显,尤其是柱端的弯矩和剪力,在高轴压比的情况下容易发生破坏,这成为抗震的薄弱环节。通过改变中柱与楼板的连接形式,研究地震作用下中柱的内力和位移响应,并与车站原结构进行对比分析,评价不同柱端支座的作用。柱端的支座分别设置铰支和滑动支座,图 3-6 为原结构与两种柱端支座形式图示。

柱端支座设置的位置分为三种情形:上层柱(站厅层)柱端、下层柱(站台层)柱端以及两层柱柱端,图 3-7 即为包括原结构在内的所有设置柱端支座的结构形式。

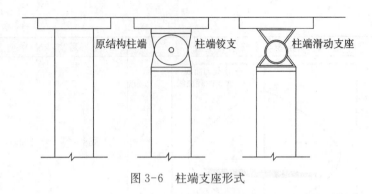

图 3-6 柱端支座形式

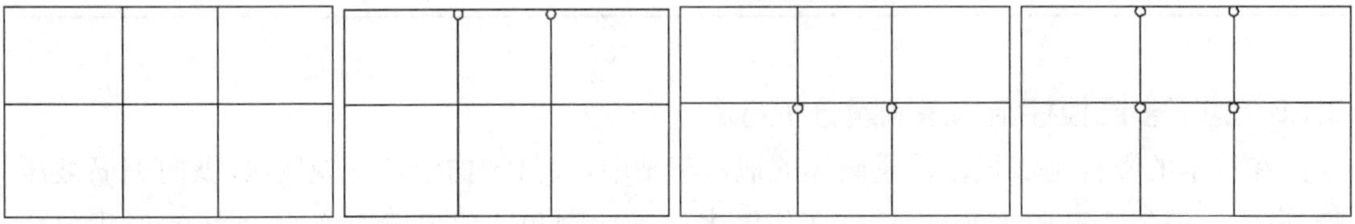

（a）原结构　　　（b）类型 1：上层柱端铰支　　（c）类型 2：下层柱端铰支　　（d）类型 3：上下层柱端铰支

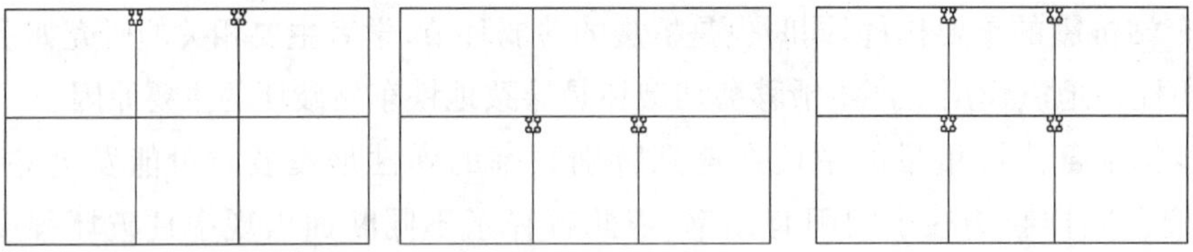

（e）类型 4：上层柱端滑动支座　（f）类型 5：下层柱端滑动支座　（g）类型 6：上下层柱端滑动支座

图 3-7 柱端支座的布置形式简图

表 3-7 为所有结构类型的最大层间位移以及与原结构相差的百分比。

表 3-7 最大层间位移（两层）

结构类型	最大层间位移/mm	与原结构相差百分比/%
原结构	10.30	——
类型 1	11.10	7.8
类型 2	11.04	7.2
类型 3	11.97	16.2
类型 4	11.33	10.0
类型 5	11.59	12.5
类型 6	12.95	25.7

对不同结构类型的最大层间位移进行分析，可以看出：柱端设置滑动支座时，结构的层间位移响应要比设置柱端铰支的大，从结构类型 1～3 与结构类型 4～6 的对比中可知；支座设置的位置不同，结构的最大层间位移响应也不同，两层中柱柱端均设置支座所造成的结构

层间位移比单层中柱柱端设置支座的结构层间位移更大,其中结构类型 6,即两层设置柱端滑动支座的结构的层间位移最大,最大层间位移为 12.95 mm,相比原结构增大 25.7%,有较明显的增幅。

表 3-8 为上层柱的最大柱端相对位移,图 3-8 为相应的柱端相对位移时程曲线。

表 3-8　最大柱端相对位移(上层柱)

结构类型	最大柱端相对位移/mm	与原结构相差百分比/%
原结构	4.70	—
类型 1	5.40	+14.9
类型 3	5.69	+21.1
类型 4	2.72	−40.9
类型 6	3.51	−25.3

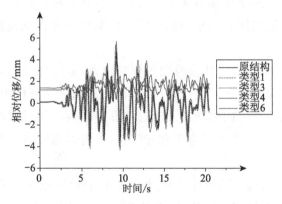

图 3-8　上层中柱柱端相对位移时程曲线

表 3-9 为下层柱的最大柱端相对位移,图 3-9 为下层中柱柱端相对位移时程曲线。

表 3-9　下层柱的最大柱端相对位移

结构类型	最大柱端相对位移/mm	与原结构相差百分比/%
原结构	5.68	—
类型 2	6.30	+10.9
类型 3	6.59	+16.0
类型 5	2.32	−59.2
类型 6	2.99	−47.4

由表格数据以及时程曲线可以看出:设置铰支座的中柱最大柱端相对位移相比原结构有所增大,增幅在 10%~20%;而柱端设置滑动支座后最大柱端相对位移反而比原结构更

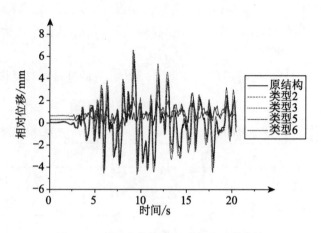

图 3-9　下层中柱柱端相对位移时程曲线

小,且减小幅度较大,最大达到 59.2%,即结构类型 5。但由于滑动支座未约束柱端水平方向位移,导致在静力作用下柱端有 1 mm 左右的初始相对位移量。与层间位移响应类似,两层中柱柱端均设置支座时的柱端相对位移比单层中柱柱端设置支座的柱端相对位移更大。

　中柱柱端支座形式的变化必然会改变中柱的内力,考虑到可能会由此引起内力重分布,边墙的内力可能也会相应地发生变化,所以在内力响应的分析中,除了分析中柱内力响应外,也应分析车站边墙的内力响应。经过计算分析,在所有结构类型中,对于中柱和边墙而言,轴力差异不大,而剪力和弯矩差异较大,故内力响应分析只针对剪力和弯矩的响应。

　表 3-10 为所有结构类型上层中柱的最大剪力和弯矩值,以及与原结构相差的百分比。图 3-10 和图 3-11 分别为所有结构类型上层中柱的剪力和弯矩时程曲线。

表 3-10　上层中柱最大剪力和弯矩(括号内为与原结构相差的百分比)

结构类型	剪力/kN	弯矩/(kN·m)
原结构	201.9	562.3
类型 1	64.6(−68.0%)	323.6(−42.5%)
类型 2	255.5(+26.5%)	650.5(+15.7%)
类型 3	95.0(−52.9%)	464.4(−17.4%)
类型 4	5.8(−97.1%)	35.4(−93.7%)
类型 5	270.6(+34.0%)	687.0(+22.2%)
类型 6	6.5(−96.8%)	22.1(−96.1%)

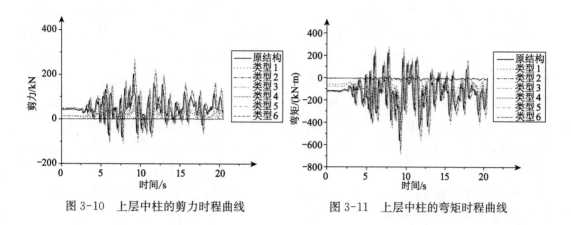

图 3-10 上层中柱的剪力时程曲线   图 3-11 上层中柱的弯矩时程曲线

表 3-11 为所有结构类型下层中柱的最大剪力和弯矩值,以及与原结构相差的百分比。图 3-12 和图 3-13 分别为所有结构类型下层中柱的剪力和弯矩时程曲线。

表 3-11   下层中柱最大剪力和弯矩(括号内为与原结构相差的百分比)

结构类型	剪力/kN	弯矩/(kN·m)
原结构	198.4	550.4
类型 1	221.1(+11.4%)	593.3(+7.8%)
类型 2	80.4(−59.5%)	406.2(−26.2%)
类型 3	83.0(−58.2%)	426.3(−22.6%)
类型 4	245.3(+23.6%)	634.8(+15.3%)
类型 5	9.3(−95.3%)	48.0(−91.3%)
类型 6	10.6(−94.7%)	65.7(−88.1%)

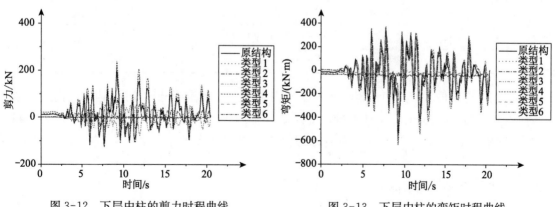

图 3-12 下层中柱的剪力时程曲线   图 3-13 下层中柱的弯矩时程曲线

由以上所有车站结构类型中柱的内力响应可知：相比原结构，设置铰支座的中柱的剪力和弯矩有较大幅度的减小，剪力的降幅尤其明显，均能达到50％以上，而弯矩的最大降幅为42.5％；设置滑动支座的中柱内力降幅更明显，相比原结构，除了结构类型6中下层中柱的弯矩降幅为88.1％外，其余的剪力和弯矩降幅均超过90％；对于两层中柱均设置支座的结构，即结构类型3和结构类型6，上下层中柱的内力都比原结构小，而在单层中柱设置支座的结构中，未设置支座的中柱内力反而比原结构相应的中柱内力有所增大，如下层中柱柱端设置滑动支座的结构类型5中，上层中柱的剪力和弯矩相比原结构的增幅分别为34.0％和22.2％。

表3-12分别为所有结构类型上层边墙（站厅层）和下层边墙（站台层）的最大剪力和弯矩值，以及与原结构相差的百分比。

表3-12 边墙最大剪力和弯矩（括号内为与原结构相差的百分比）

结构类型	边墙位置	剪力/kN	弯矩/(kN·m)
原结构	上层边墙	−74.9	−182.5
	下层边墙	1 377.1	705.2
类型1	上层边墙	−91.0(＋21.4％)	−206.7(＋13.3％)
	下层边墙	1 339.1(−2.8％)	680.8(−3.5％)
类型2	上层边墙	−70.8(−5.5％)	−193.4(＋5.9％)
	下层边墙	1 371.5(−0.4％)	704.8(−0.1％)
类型3	上层边墙	−81.4(＋8.6％)	−220.7(＋20.9％)
	下层边墙	1 417.6(＋2.9％)	726.7(＋3.0％)
类型4	上层边墙	−93.2(＋24.4％)	−217.6(＋19.2％)
	下层边墙	1 345.2(−2.3％)	685.3(−2.8％)
类型5	上层边墙	−68.9(−8.0％)	−200.8(＋10.0％)
	下层边墙	1 412.7(＋2.5％)	721.1(＋2.3％)
类型6	上层边墙	−84.4(＋12.7％)	−244.0(＋33.7％)
	下层边墙	1 495.4(＋8.6％)	773.6(＋9.7％)

由以上边墙最大剪力和弯矩的响应可知，中柱柱端的支座形式改变后，边墙的内力也会发生变化。与原结构相比，中柱柱端设置铰支座或滑动支座后，边墙内力基本呈现增大的趋势，但增幅并不大，大部分在10％左右，最大增幅为33.7％。

3.1.6 地下结构震害分区方法

（1）单柱车站。通过对日本大开车站的震害调研，可以确定单柱车站各结构部位的破坏等级，对其进行分区划分如表3-13、图3-14所示。

表 3-13　单柱车站结构破坏等级划分

结构部位	破坏形式	破坏等级
中柱	上下端部压碎鼓胀,钢筋被剪断,倒塌	Ⅰ
顶板	变形大,开裂,靠近中柱位置处坍塌	Ⅱ
侧墙	产生许多细小裂缝,个别处形成塑性铰	Ⅲ

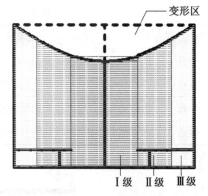

图 3-14　单柱车站震害分区

破坏等级定义:

Ⅰ 级——完全破坏、倒塌;

Ⅱ 级——出现大变形,贯穿裂缝;

Ⅲ 级——出现小变形,细小裂缝;

Ⅳ 级——完好,处于弹性状态。

(2)双柱车站。等级划分如表 3-14、图 3-15 所示。

表 3-14　双柱车站结构破坏等级划分

结构部位	破坏形式	破坏等级
中柱	站台层中柱产生的变形大于站厅层,上下端部开裂	Ⅲ
顶板	开裂,靠近中柱位置处小裂缝较多	Ⅲ,Ⅳ
侧墙	产生细小裂缝,不会对结构稳定造成影响	Ⅲ,Ⅳ

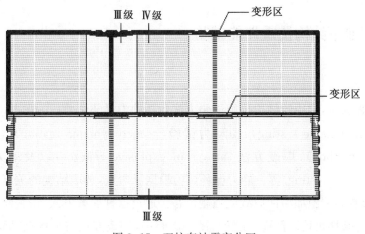

图 3-15　双柱车站震害分区

(3)大中庭车站。如表 3-15、图 3-16 所示。地震动作用下,车站的中柱附近比侧墙附近危险。所以发生地震时,乘客应尽量远离中柱,并向车站上部逃生。

表 3-15　大中庭车站结构破坏等级划分

结构部位	破坏形式	破坏等级
中柱	产生一定柱端位移,侧向弯矩增大,影响其稳定性	Ⅱ
顶板	开口处变形较大,混凝土会剥落	Ⅲ
中板	稳定性降低,与中柱和侧墙连接处易开裂	Ⅲ
侧墙	水平侧移会影响中柱受力,自身稳定性较好	Ⅳ

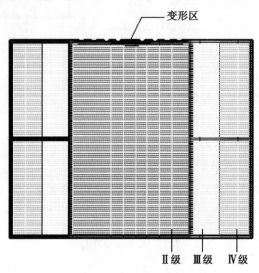

图 3-16　大中庭车站震害分区

3.2　中庭式地下结构抗震性能试验

3.2.1　概述

在地震工程领域,常用的结构抗震试验方法包括静力循环试验(static cyclic testing)、振动台试验(shaking table testing)、拟动力试验(pseudo-dynamic testing)、实时试验方法(real-time test method)、爆破方法(arrays of explosive charges)以及动力离心机试验(dynamic centrifuge testing)等。静力循环试验根据反弯点,选取结构的关键构件作为分析对象,在柱端或者梁端施加滞回荷载或强制位移。通过这种加载方式,研究结构在地震作用下的动力响应和破坏机理。然而,在静力循环试验中,加载方式与结构振动特性、地震动频谱特性无关,不能真实地反映结构抗震性能。同时,拟静力试验不能反映动力方程中惯性力项与阻尼项。

在地下结构抗震试验中,振动台试验是一种最广泛的抗震试验方法。将结构模型放在刚性平台上,强制刚性平台产生指定地震动记录,在整个结构上产生惯性力。通过测量模型在地震作用下的响应研究结构抗震性能。通过考虑缩尺比确定相似条件,制作缩尺模型试件。通过缩尺模型在振动台试验中的响应特征,定性研究原型结构在真实地震作用下的响应模式与受力特点。

拟动力试验方法结合了数值模拟方法和物理试验方法,研究整体系统的动力响应与关键构件的抗震性能。以位移为控制条件的混合试验方法为例,在每一步计算后,由数值子结构计算出的位移作为指令传送到作动器,作动器以该位移为命令位移,作用到物理子结构上,通过传感器测量的力反馈信号,数值子结构完成下一步分析的计算。拟动力试验技术,可以放宽构件尺寸的要求,从而解决振动台试验带来的"缩尺效应"问题;拟动力试验技术的数值子结构,考虑了结构惯性力与阻尼的影响;不同地震动记录输入也可以克服拟静力试验中"强制位移"的缺陷。

混合试验技术还没有充分应用于地下结构抗震分析中。当混合试验技术用于研究车站地层系统抗震问题时,需要考虑两个必要条件:合理的车站地层有限元数值子结构计算系统;满足试验要求的加载系统与控制系统。基于 OpenSees 和 OpenFresco 平台,利用混合试验技术,研究地下大空间结构在地震动作用下的动力响应与车站中柱构件抗震性能。地下大空间结构中柱构件被选为物理子结构,其余结构与土体被选为数值子结构。为了考虑中柱水平方向自由度,在物理子结构柱顶位置施加水平荷载,实现混合试验的加载过程。

3.2.2 地下中庭式结构振动台试验

1. 多层板柱结构振动台试验概况

(1) 模型比例尺为 1∶30,由于中庭式结构存在悬挑起拱顶板、薄壁柱、站厅层和站台层横梁,模型制作比较复杂,在确保模型制作可行性基础上,设计相似比,确定结构模型几何比例尺 1/30。模型尺寸:1.25 m×0.71 m×0.59 m,模型采用微粒混凝土＋镀锌钢丝模拟钢筋混凝土,选取锯末和砂按一定比例制作模型土。传感器种类采用加速度传感器、土压力传感器、应变片、LVDT 位移传感器、拉线式位移传感器(图 3-17)。

(2) 模型土选取不含杂质的均匀干燥锯末和中砂配置模型土,对锯末和砂的不同配比试样进行了动三轴试验,测试了不同围压下土体动应力-应变滞回曲线,采用双曲线模型法取得了模型土的最大动弹性模量,经过对比不同配比的试样,并结合振动台承重能力的要求,最终选择 1∶2.5 的模型土,其动力特性基本满足振动台试验要求,如图 3-18 所示。

(3) 柔性模型箱在 Philip James Meymand 博士制作的模型箱基础上改装而成的,直径 3 m,高 2.06 m,侧壁采用厚 5 mm 橡胶模,ϕ4@60 钢筋加固的圆筒形橡胶柔性模型箱,经试验验证,其边界效应较小,能较理想地消除边界处地震波的反射或散射。

(4) 采用该柔性模型箱,选用同济大学土木工程防灾国家重点实验室的 4 m×4 m 三向六自由度多功能振动台,开展中庭式结构模型振动台试验,模型箱、振动台在模型箱中布置如图 3-19、图 3-20 所示。

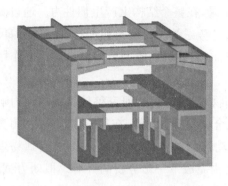

图 3-17　中庭式结构模型示意图

图 3-18　模型土实物照

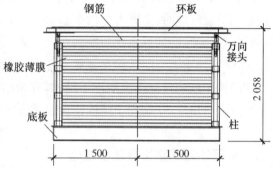

图 3-19　柔性模型箱实物照及尺寸示意图

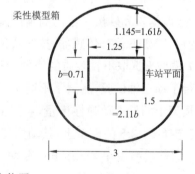

图 3-20　振动台实物照

2. 多层板柱结构振动台试验设计

图 3-21—图 3-23 为各类传感器布置图,表 3-16 为中庭式结构模型振动台试验加载制度表。

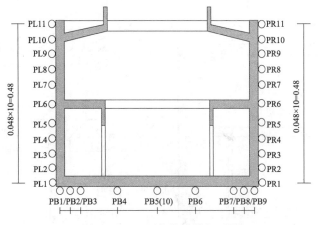

图 3-21 土压力传感器布置图

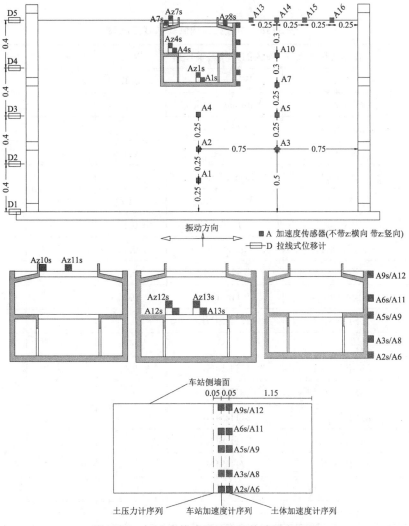

图 3-22 加速度传感器和位移传感器布置图

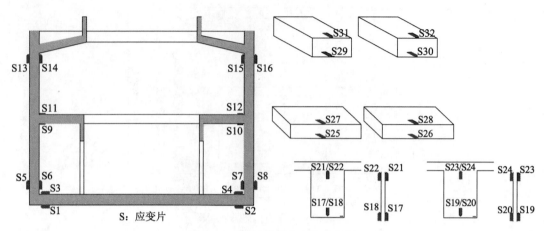

图 3-23　车站结构应变片布置图

表 3-16　中庭式结构试验加载工况表

编号	具体实例	输入的外界影响作用	X/g	Y/g	Z/g
1	WN1	White noise	0.07	0	0
2	SH-x0.1	Shanghai artificial	0.1	0	0
3	EC-x0.1	El Centro	0.1	0	0
4	K-x0.1	Kobe	0.1	0	0
5	LP-x0.1	Loma Prieta	0.1	0	0
6	WN2	White noise	0.07	0	0
7	1SIN-x0.1	1HzSINE	0.1	0	0
8	3SIN-x0.1	3 HzSINE	0.1	0	0
9	5SIN-x0.1	5 HzSINE	0.1	0	0
10	9SIN-x0.1	9 HzSINE	0.1	0	0
11	10SIN-x0.1	10HzSINE	0.1	0	0
12	—	—	—	—	—
13	15SIN-x0.1	15HzSINE	0.1	0	0
14	18SIN-x0.1	18HzSINE	0.1	0	0
15	21SIN-x0.1	21HzSINE	0.1	0	0
16	24SIN-x0.1	24HzSINE	0.1	0	0
17	27SIN-x0.1	27HzSINE	0.1	0	0
18	30SIN-x0.1	30HzSINE	0.1	0	0
19	33SIN-x0.1	33HzSINE	0.1	0	0

编号	具体实例	输入的外界影响作用	X/g	Y/g	Z/g
20	LP-x0.1-z0.05	Loma Prieta	0.1	0	0.05
21	LP-x0.1-z0.1	Loma Prieta	0.1	0	0.1
22	LP-x0.1-z0.15	Loma Prieta	0.1	0	0.15
23	LP-x0.1-z0.2	Loma Prieta	0.1	0	0.2
24	LP-x0.1-z0.25	Loma Prieta	0.1	0	0.25
25	LP-x0.3	Loma Prieta	0.3	0	0
26	LP-x0.5	Loma Prieta	0.5	0	0
27	5SIN-z0.2	5HzSINE	0	0	0.2
28	10SIN-z0.2	10HzSINE	0	0	0.2
29	15SIN-z0.2	15HzSINE	0	0	0.2
30	20SIN-z0.2	20HzSINE	0	0	0.2
31	8SIN-x0.2	8HzSINE	0.2	0	0
32	8SIN-x0.3	8HzSINE	0.3	0	0
33	8SIN-x0.4	8HzSINE	0.4	0	0
34	WN3	White noise	0.07	0	0
35	8SIN-x0.5	8HzSINE	0.5	0	0
36	WN4	White noise	0.07	0	0
37	N-x0.2-z0.17	Northridge	0.2	0	0.17
38	N-x0.3-z0.28	Northridge	0.3	0	0.28
39	N-x0.4-z0.34	Northridge	0.4	0	0.34
40	WN5	White noise	0.07	0	0
41	LP-x0.5	Loma Prieta	0.7	0	0
42	WN6	White noise	0.07	0	0
43	LP-x1.0	Loma Prieta	1.0	0	0
44	WN7	White noise	0.07	0	0
45	LP-x1.5	Loma Prieta	1.6	0	0
46	WN8	White noise	0.07	0	0

3. 多层板柱结构振动台试验结果

当地震发生时，土体沿深度呈现剪切变形模式，振动台试验再现实际土-结构的动力响应，有必要先判断所采用的模型是否达到理想的剪切位移模式，试验过程中在模型箱侧壁沿高度安装了拉线式位移计。输入频率为 1 Hz 的正弦波时,周期为 1 s,提取一个周期内 8 个时刻的位移分布,如图 3-24 所示。

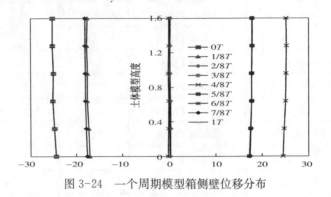

图 3-24　一个周期模型箱侧壁位移分布

由图 3-24 可以看出,一个周期内的不同时刻,模型箱侧壁位移均呈剪切位移模式,从而验证了所采用的柔性模型箱的合理性。振动台试验最直接、最便捷的数据即为加速度时程,对土体和结构的加速时程、幅值特性、频谱特性进行评价,可以分析地震作用下土体和结构所处的状态,同时,加速度响应分析也是分析其他响应指标的基础,如土体和车站位移、车站整体转动、土体弹塑性状态、土体刚度及阻尼的变化,等等。本节选取部分加速度测点,针对关心的动力响应进行分析。

首先分析土体加速度响应沿深度方向分布规律,图3-25为土体峰值加速度放大系数沿深度方向分布曲线,加速度放大系数定义为该点加速度峰值与输入地震动峰值的比值。可见,在该输入地震动下,土体峰值加速度放大系数基本保持在1,说明地震动在场地波动过程中并没有发生明显放大或减弱,土体内部加速度与输入地震动基本一致。其次分析车站结构加速度分布,图 3-26 为车站结构峰值加速度放大系数沿深度方向分布,可以看出,沿高度各层楼板位置的峰值加速度十分接近,说明车站结构整体运动比较一致,没有发生明显的相对水平加速度或者相对水平位移。

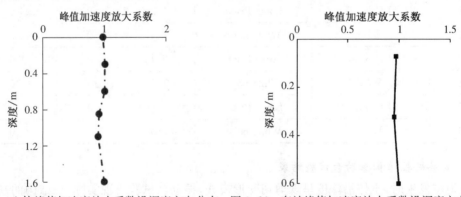

图 3-25　土体峰值加速度放大系数沿深度方向分布　　图 3-26　车站峰值加速度放大系数沿深度方向分布

参考 G. Tsinidis 等人的方法,由试验记录的加速度时程进行二次积分,得到位移时程,车站结构各层层间相对位移时程如图 3-27 所示。

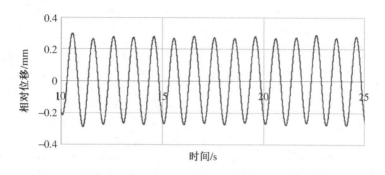

(a) 站台层层间相对位移

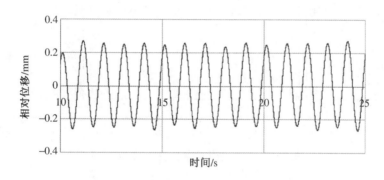

(b) 站厅层层间相对位移

图 3-27 车站结构各层层间相对位移时程

由图 3-27,地下二层和地下一层层间位移分别为 0.267 mm 和 0.267 m,对应层间位移角分别为 1/880 和 1/850,远小于《建筑抗震设计规范》(GB 50011—2010)和《城市轨道交通结构抗震设计规范》(GB 50909—2014)规定的弹塑性层间位移角限值 1/250,说明该输入地震动下结构整体仍处于弹性状态,与加速度响应推断的结果一致。

由于结构埋置于土体中,对应变片的防潮等性能要求较高,尽管试验前对应变片进行了环氧密封的防潮处理,且试验前检测所有应变片完好,但本次振动台试验中仍发现有较多应变片坏掉。求得每个应变片时程的峰值,如图 3-28 所示。

由图 3-28 可以看出:结构拉应变最大位置发生在柱顶,为 809με,并未超过模型微粒混凝土的最大拉应变,且其他位置的应变明显小于微粒混凝土的最大拉应变,佐证了该输入地震动下结构整体仍处于弹性状态的结论;拉应变次大位置发生地下二层横梁梁底,地下二层横梁拉应变远大于地下一层横梁拉应变,这源于横梁纵向间距前者远大于后者(约为 2 倍);柱底拉应变亦较大,联合上面的拉应变最大位置发生在柱顶,说明中柱为中庭式结构的最

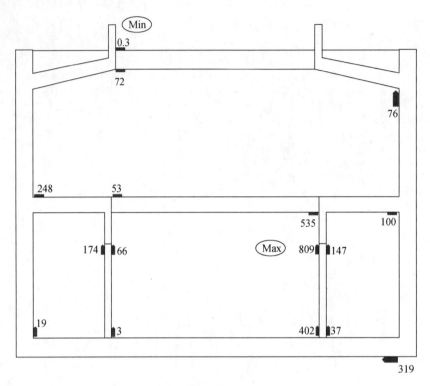

图 3-28　车站结构峰值拉应变（单位：με）

薄弱环节，从此点看，与常规框架式结构最薄弱位置发生在中柱相一致。将中庭式结构各区域按照拉应变从大到小排序：中柱顶底部、地下二层横梁两端、底板两端、中板顶底部（邻近侧墙）、侧墙顶端（邻近顶板）、地下二层横梁两端。这里需要指出的是，由于较多位置应变片失效，上述顺序可能略有偏差；从左、右两个中柱的拉应变看，拉应变不呈反对称，可能的原因为模型制造的误差、结构整体的倾斜或模型场地并非严格均匀材料。动土压力，定义为地震动过程中总土压力减去相应的静止土压力，即地震动引起的相对于初始静止土压力的土压力变化量。选取左侧墙土压力测点 P1—P11 进行分析，如图 3-29 所示为测点 P1—P11 的动土压力时程。

由图 3-29 可以看出：结构侧墙各点动土压力时程的周期均为 1 s，即频率为 1 Hz，与输入地震动频率一致；各点动土压力的大小不同，侧墙底端（PL1）最大，次大区域为地下一层靠近层高中央的侧墙（PL7，PL8），然后侧墙顶端，最小为地下二层中央到中板区域的侧墙（PL3，PL4，PL5 和 PL6）；为分析任意时刻动土压力沿侧墙的分布规律，选取一个周期 $T = 1$ s 内的 5 个典型时刻：$T_{pk} - T/2$，$T_{pk} - T/4$，T_{pk}，$T_{pk} + T/4$，$T_{pk} + T/2$，如图3-30所示。

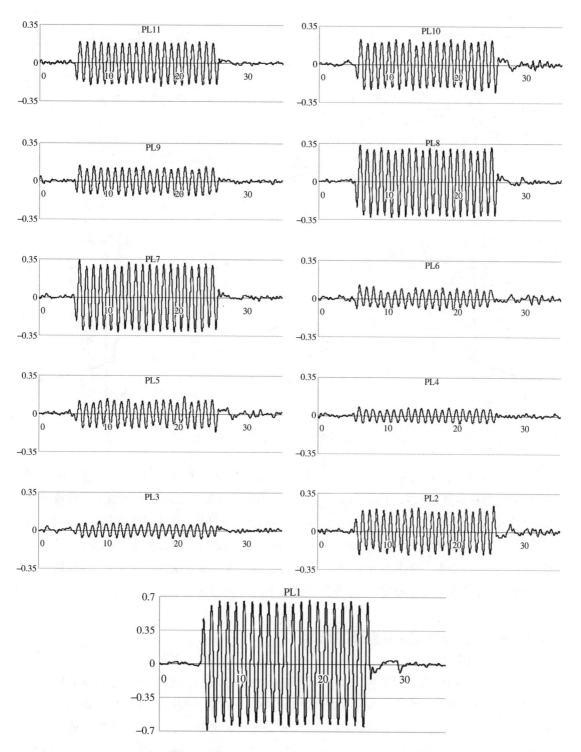

图 3-29　侧墙各点动土压力时程(横轴：时间/s，纵轴：土压力/kPa)

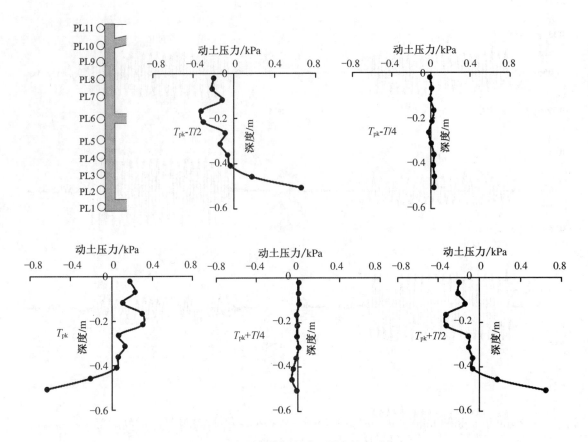

图 3-30　在一个周期内动土压力的实时分布

由图 3-30 可以看出：动土压力的分布形状随时间而变化,除去土压力接近零的时刻外,其他时刻基本呈近似"L"形的折线状。将该动土压力分布与已有文献中地下结构或地下箱型结构等的动土压力分布对比,发现结果相似,局部差异的原因可能是地下结构不同截面形状引起的;侧墙靠近底板的位置(PL2,PL3),动土压力发生了正、负符号的变化,即该位置一侧的总土压力小于静止土压力,另一侧的总土压力大于静止土压力。可以推测,地下结构围绕该位置发生了转动,使得一侧产生了被动土压力,一侧产生了主动土压力。

3.2.3　地下大空间关键构件混合动力试验

3.2.3.1　数值子结构验证

20 世纪 70 年代,日本学者提出了拟动力试验方法,拟动力试验的核心思想是采用试验方法和数值积分相结合进行结构抗震试验。结构动力方程中的惯性力和阻尼力应用数值方法进行计算,恢复力通过试验方法确定。由于拟动力试验方法是将试验方法和数值分析相结合,因此也称为联机试验(online testing)、混合试验(hybrid experiment)。在 20 世纪 80 年代初期,拟动力试验理论发展迅速,出现了子结构拟动力试验方法。子结构试验理论在拟动力试验理论的基础上提出将结构中一部分作为试验对象(物理子结构),结构其余部分作为有限元分析对象(数值子结构)。通常,子结构试验方法将结构关键部位或材料进入非线性的部位当作试验子结构,非关键部位或材料处于弹性的部位当作数值子结构。子结构拟动力试验方法相比传统拟动力试验方法的优势在于:一是缩减了试验自由度,把实际的多自由度问题转化为缩减后的多自由度问题甚至单自由度问题;二是减小了试验规模,将在地震作用过程中结构弹性部分用有限元软件计算,这样大大降低了试验规模和成本。子结构拟动力试验中存在一个缺陷:由于硬件条件所限,有限元软件在单个时间步长的计算时间、作动器或振动台等加载步长通常不能达到加载步长的要求,通常实际加载时间是计划加载步长的 100 倍左右。这样一来,对于钢材等受加载速度影响较小的材料,拟动力试验方法是适用的,而对于混凝土等受加载速度影响较大的材料,拟动力试验方法不再适用。所以,实时子结构混合试验方法在子结构混合试验的基础上,通过缩减每个时间步的计算时间和加载时间令加载时间步长接近于加载方案的加载时间步长,最终降低加载速度的影响得到结构在真实地震动作用下的响应。当进行多自由度多加载设备耦合试验时,很多问题尚待研究解决。数值子结构的计算效率、多个作动器的相互作用、作动器和振动台的相互配合、多自由度连接的稳定性、作动器延时补偿、补偿算法的选择等问题都是需要进行下一步研究的问题。

1. 拟动力试验过程

拟动力试验过程就是求解运动方程的过程,对于在空间域和时间域离散的试验结构运动方程可表示如下:

$$M\ddot{u}_i + C\dot{u}_i + R(u_i) = -Ma_{g,i} \tag{3-5}$$

式中　M, C, R ——质量矩阵、阻尼矩阵和结构的恢复力向量;

　　　$\ddot{u}, \dot{u}, u$ ——结构的加速度、速度和位移向量;

　　　a_g ——地震动加速度向量;

　　　i ——时间步数。

拟动力试验计算步骤如下:

(1) 采用逐步积分方法计算地震荷载作用下的结构位移。

(2) 以一种准静态的方式将计算得到的位移施加于试件。

(3) 测量结构的恢复力并反馈给计算模型。

(4) 根据测量得到的恢复力和已知地震荷载进行下一个计算步骤。

2. 子结构拟动力试验过程

子结构拟动力试验过程就是运动方程的求解过程,对于在空间域和时间域离散的试验结构运动方程可表示如下:

$$M_N\ddot{u}_N + C_N\dot{u}_N + R_N(u_N) + R_E(u_E) = -Ma_{g,i} \tag{3-6}$$

式中 M_N，C_N ——数值子结构的质量矩阵、阻尼矩阵；

$\ddot{u}_N$，$\dot{u}_N$，u_N ——数值子结构的加速度、速度和位移向量；

R_N ——数值子结构的恢复力；

R_E ——试验子结构的恢复力；

a_g ——地震动加速度向量；

i ——时间步数。

3. 子结构拟动力试验计算步骤

子结构拟动力试验计算步骤为：

（1）在 t_i 时刻结构的状态为 $(u, \dot{u}_i, \ddot{u}_i)$，通过加载设备的测量设备测得试验子结构的恢复力为 $R_{E(i)}$，在外荷载作用下 $-Ma_{g,i}$ 通过数值积分算法求解在该时刻的运动方程，得到下一时刻的结果状态 $(u_{i+1}, \dot{u}_{i+1}, \ddot{u}_{i+1})$。

（2）在 t_{i+1} 时刻前令试验子结构达到数值计算结果下的结构状态 $(u_{i+1}, \dot{u}_{i+1}, \ddot{u}_{i+1})$，同时测量试验子结构的恢复力 $R_{E(i+1)}$ 并反馈给数值子结构。

（3）以 t_{i+1} 时刻结构状态 $(u_{i+1}, \dot{u}_{i+1}, \ddot{u}_{i+1})$ 为初始条件，在外荷载作用下 $-Ma_{g,i+1}$ 通过数值积分算法求解在该时刻的运动方程，得到下一时刻的结果状态 $(u_{i+2}, \dot{u}_{i+2}, \ddot{u}_{i+2})$。

（4）从初始时刻到终止时刻根据上述步骤进行子结构试验。

4. 实时子结构试验的控制因素

在子结构试验中，作动器或振动台根据试验子结构的位移、速度和加速度进行实时加载和控制。所以合理的数值积分方法、试验控制方法、时滞补偿方法、有限元模型的繁简度和计算机计算效率等都是实时子结构试验的控制因素。

在拟动力试验中，用于求解动力方程的数值积分的方法有很多，主要分为显示积分方法和隐式积分方法。若 t_{i+1} 时刻的位移可用 t_i 时刻及其之前的解来表示，则为显式积分方法，否则为隐式积分方法。显式积分方法不需要迭代求解，因而计算效率高，在早期的拟动力试验得到了广泛应用。但是显式积分方法条件稳定，条件稳定限制了积分步长不能过大，这将增加试验时间并导致累计误差增大。隐式积分方法具有无条件稳定和能量耗散性好的优点，积分步长不受试件特征影响，并且有利于控制和减小试验误差，但是显著的缺点就是需要迭代求解，这将增加试验时间，还会导致非弹性试件在每步长内产生不必要的卸载滞回效应。

PID是一种常用于拟动力试验中的反馈控制方法。该方法包括了比例、积分和微分三个控制参数，针对不同特性的试验系统，通过对 PID 最优控制参数的整定就能实现试验的最佳控制效果，但是当试件进入非线性状态时，这种事先确定好的、一成不变的控制参数却又会影响试验的控制效果。由于这种控制方法简单易行，目前在实时子结构试验中得到了广泛应用。

由于实时子结构试验要求作动器进行实时控制加载，那么从试验命令发出的时刻到作动器响应到达目标命令的时刻之间存在时滞，时滞的大小会严重影响作动器的控制效果和试验结果。当时滞大于计算步长,作动器的响应在当前步长内未能达到目标命令,这就导致试验产生误差,并影响试验的稳定性。同时时滞也可以看作是给结构施加了负阻尼作用,当负阻尼大于结构自身的阻尼时,试验结果就会发散。相比较而言,时滞对缓慢加速的拟动力试验影响很小,可以不考虑,但对实时子结构试验影响很大,因此如何解决时滞影响是实时子结构试验研究的重点。Chen 等提出了双重补偿的办法来提高逆补偿方法中系统的稳定性和控制精度,试验验证及数值分析表明该方法能很好地补偿系统的时滞。之后他又提出了自适应时滞补偿方法以实时消除系统的时滞。

5. 其他试验方法

2011 年,清华大学王进廷等采用实时耦联动力试验方法,将地基的数值模型计算与结构的物理模型试验实时耦联,从而实现了考虑结构-地基动力相互作用(SSI)的结构振动台动力试验,该方法可以考虑软硬地基对结构加速度响应、层间剪力的影响,同时解决了振动台试验中无限地基辐射阻尼的问题。然而,针对地铁车站结构、地下大空间结构,混合试验尚未有足够研究和进展。2015 年,杨澄宇等基于梁桥模型抗震问题提出三个混合试验方案并进行了相关试验,分别是:(1)作动器加载型混合试验;(2)振动台加载型混合试验;(3)作动器、振动台加载型混合试验。通过三种不同加载方式的混合试验的结果,验证了以 OpenSees 为计算平台、Openfresco 为中介平台、Simulink 为控制平台、MTS 设备为加载平台的混合试验系统是通用的,依托同济大学嘉定试验室的已有条件进行以地下结构为研究对象的作动器加载型混合试验是可行的。

邵晓芸通过混合试验(Network for Earthquake Engineering Simulation,NEES)并根据惯性力的实现方法将混合试验分为拟动力试验(Pseudodynamic simulation)和动力混合试验(Dynamic hybrid simulation)。拟动力试验方法是一种基于位移的试验方法,等效于传统的动力时程分析而没有体现理想化的非线性刚度特征,试件的静态恢复力被直接测得并反馈给数值子结构。动力特性的影响和连续性的损伤包含于作动器的强制位移中;动力混合试验是一种基于力的试验方法,区别与拟动力试验,动力混合试验是将试件的动力特性包含于试验子结构中。所以,试件的质量、阻尼和刚度特性在等效力试验(effective force testing)、振动台试验(shaking table testing)和实时动力混合试验(real time hybrid simulation)都在试验子结构中予以考虑。同时,邵晓芸针对混合试验中的积分方法、时间补偿方法、模型验证方法进行了总结,并指出可以利用振动台与作动器耦合加载的实时动力混合试验方法考虑土-结构相互作用。即通过振动台对土体施加强制地震动作用,通过作动器考虑土-结构相互作用。如何考虑动力作动器力的控制、振动台的速度控制是解决土-结构相互作用实时动力混合试验的核心问题。

拟动力子结构试验的准确性和科学性很大程度依赖于数值子结构的准确性,土-结构地震响应数值子结构模型的准确性很大程度依赖于自由场地震响应数值模型的准确性。为了验证基于 OpenSees 数值子结构模型的正确性,分别建立 Abaqus 自由场模型、OpenSees 自由场模型、shake 一维土层模型地震作用下的关键指标响应分析。如表 3-17 所示,根据《17

号线震评报告》得到分析结构附近一定范围内 70 m 深度分层土的材料参数。综上所述,分析模型取土体深度为 70 m,默认 70 m 下部为基岩,地震动输入在模型底部。

表 3-17　70 m 深度分层土材料参数

序号	土名	土层深度 /m	土层深度 /m	剪切波速 $Vs/(m \cdot s^{-1})$	密度 $/(kg \cdot m^{-2})$
1	填土	3.4	3.4	132	1730
2	淤泥质粉质黏土	5.7	2.3	121	1 740
3	粉质黏土	9.5	3.8	135	1 890
4	粉质黏土	13.3	3.8	163	1 890
5	粉质黏土	17.2	3.9	187	1 890
6	粉质黏土	20.9	3.7	201	1 790
7	粉质黏土	25.6	4.7	210	1 930
8	黏质粉土	28.9	3.3	233	1 810
9	黏质粉土	32.3	3.4	288	1 810
10	粉质黏土	35.7	3.4	307	1 890
11	粉砂	39.5	3.8	311	1 840
12	粉质黏土	44.2	4.7	310	1 800
13	粉质黏土	49.2	5.0	320	1 800
14	粉质黏土夹粉砂	54	4.8	342	1 840
15	粉质黏土	59	5.0	351	1 900
16	粉质黏土	64.5	5.5	338	1 900
17	粉砂	70.0	5.5	350	1 920

土层的加权剪切波速:$v = 265$ m/s,土层的加权密度:$\rho = 1\,840$ kg/m³

根据公式 $G_0 = \rho v^2$,土层动剪切模量为

$$G_0 = \rho v^2 = 1\,840 \times 265^2 = 129.21\ \text{MPa}$$

取土层泊松比:$\mu = 0.3$,根据公式 $E = 2(1+\mu)G$,土层动弹性模量为

$$E = 2(1+\mu)G = 2 \times 1.3 \times 129.21 = 335.95\ \text{MPa}$$

依据《建筑抗震设计规范》《城市轨道交通结构抗震设计规范》《中国地震动峰值加速度区划图》,如表 3-18、表 3-19 所示,上海地震动峰值加速度分区为 0.1 g,在 E_1 地震作用下的加速度峰值为 0.05 g,在 E_2 地震作用下的加速度峰值为 0.10 g,在 E_3 地震作用下的加速度峰值为 0.22 g;同时,由于上海属于Ⅳ类场地,场地地震动峰值加速度调整系数为 1.20。所以,选择上海人工波作为地震动输入,输入位置为土体 70 m 深度处,根据针对四类场地 E_1 地震作用下、E_2 地震作用下、E_3 地震作用下对应的加速度峰值进行上海人工波调幅处

理,调幅后的地震动时程如图 3-31 所示。上海人工波的频谱分析如图 3-32 所示:1.709 Hz,3.613 Hz 为上海人工波的主频;地震动的主要频率集中在 0~5 Hz 之间;高频部分所占比例不大。

表 3-18 二类场地设计地震动峰值加速度 α_{max}

地震动峰值加速度分区/g	0.05	0.10	0.15	0.20	0.30	0.40
E_1 地震作用/g	0.03	0.05	0.08	0.10	0.15	0.20
E_2 地震作用/g	0.05	0.10	0.15	0.20	0.30	0.40
E_3 地震作用/g	0.12	0.22	0.31	0.40	0.51	0.62

表 3-19 场地地震动峰值加速度调整系数 Γ_a

场地类别	II 类场地设计地震动峰值加速度 α_{max}/g					
	≤0.05	0.10	0.15	0.20	0.30	≥0.40
I_0	0.72	0.74	0.75	0.76	0.85	0.90
I_1	0.80	0.82	0.83	0.85	0.95	1.00
II	1.00	1.00	1.00	1.00	1.00	1.00
III	1.30	1.25	1.15	1.00	1.00	1.00
IV	1.25	1.20	1.10	1.00	0.95	0.90

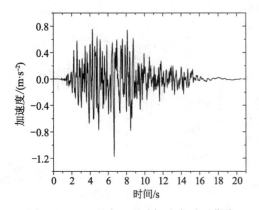

图 3-31 E_2 强度地震动加速度时程曲线

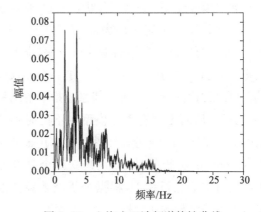

图 3-32 上海人工波频谱特性曲线

6. 相关规范规定

根据《建筑结构可靠度设计统一标准》(GB 50068—2001)的有关规定,我国的建筑结构、结构构件及地基基础的设计规范、规程所采用的设计基准期为 50 年。同时,根据建筑物的使用要求和重要性,设计使用年限分别采用 5 年、25 年、50 年和 100 年。当地小震指该地区 50 年内超过概率约为 63% 的地震烈度,重现期为 50 年,即众值烈度,又称多遇地震。中震指该地区 50 年内超过概率约为 10% 的地震烈度,重现期为 475 年,又称基本烈度或设防烈度。大震指该地区 50 年内超越概率为 2%～3%的地震烈度,重现期为 2 475 年,又称罕遇地震。震动水准等级为 E_1 地震作用时,重现期 100 年;震动水准等级为 E_2 地震作用时,重现期为 475 年;震动水准等级为 E_3 地震作用时,重现期为 2 450 年。这是因为地铁规范中要求结构使用年限为 100 年;建筑规范中要求结构使用年限为 50 年。

7. 二维自由场动力分析模型基于平面应变问题假设

某人工波被选为输入在模型底部的地震动加速度时程。地震动加速度时程如图 3-33 所示。在自由场有限元模型的底部约束竖向边界和水平边界,OpenSees 以施加反向惯性力的形式实现施加地震动加速度记录的过程。同时,如图 3-34 所示,在自由场模型的侧向边界施加等位移约束条件。在侧向边界上,控制相同高度处的土体节点在地震动作用过程中位移响应一致。在此次数值模拟中,假设土体为弹性材料,同时不考虑地下水的影响。除此之外,假设有限元模型中土体是均质土,即土体材料的弹性模量、密度等性质不会随着埋深的改变而改变。自由场有限元模型的尺寸是 300 m×70 m。每个土体单元的尺寸是 2 m× 2 m,土体单元的尺寸应小于输入地震波最大频率 f_{max} 对应的八分之一到十分之一的最小波长,这样满足了土体单元尺寸选取的要求。针对某人工波作用于 70 m 埋深的自由场的工况,定义目标阻尼比为 0.05,根据公式确定有限元计算的阻尼参数。在 2007 年,Kwok 提出选择一阶振型对应下的频率 f_m 和 5 倍一阶频率 f_n,确定动力阻尼参数。如表 3-20 所示,土体密度、弹性模量、泊松比、土地剪切波速的数据被列出,作为有限元计算中的土体单元的材料参数。通常,输入的地震波可以被分解为具有不同幅值、不同频率、不同相位角的若干

正弦波的集合。Shake 91 分析软件基于频域算法,可以计算一维土柱动力响应。OpenSees 和 ABAQUS 分析软件基于时域分析方法,求解自由场振动问题。动力时程分析方法是一个在求解振动问题时常用的分析方法。其原理是求解结构的动力方程,从而得到有限元模型在不同时刻的动力响应。基于 Shake 分析软件、ABAQUS 分析软件、OpenSees 分析软件,分别建立三个具有相同参数的自由场分析模型,根据分析结果验证混合试验数值子结构的正确性。

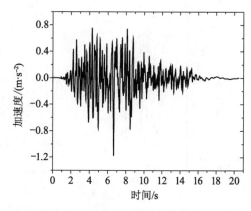

图 3-33　输入地震动加速度时程

图 3-34　自由场有限模型网格划分

表 3-20   土体材料性质

土体性质	参数
土体剪切波速	265 m/s
土地密度	1 840 kg/m³
弹性模量	335.95 MPa
泊松比	0.3

$$C = \alpha M + \beta K \tag{3-7}$$

$$\begin{Bmatrix} \alpha \\ \beta \end{Bmatrix} = \frac{2\zeta}{\omega_i + \omega_j} \begin{Bmatrix} \omega_i \omega_j \\ 1 \end{Bmatrix} \tag{3-8}$$

$$\omega_m = 2\pi f_m \tag{3-9}$$

在地震作用过程中,三个计算模型的地表位移时程响应如图 3-35 所示。Shake 91 基于频域分析理论,所以 Shake 91 计算模型的结果可以作为自由场动力响应的目标解和标准解。ABAQUS 的自由场有限元动力解、OpenSees 的自由场有限元动力解和 Shake 91 的目标解吻合良好,如图 3-35 所示。

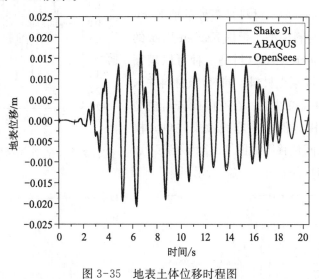

图 3-35   地表土体位移时程图

二维地铁车站动力分析模型基于平面应变问题假设,以某一层两跨矩阵地铁车站为分析对象。车站结构与土体的有限元模型如图 3-36 所示,土体尺寸长度×深度(长为地震波输入方向)为 200 m×70 m。一层两跨矩形车站结构的剖面尺寸为 17 m×7.2 m。车站结构的埋深深度为 4.8 m,车站底板到地表的距离为 11.2 m。车站结构的柱距为 3.5 m,二维有限元模型中土体在出平面方向的厚度为 3.5 m。车站结构由车站底板、车站顶板、车站侧墙、车站中柱四种构件组成,顶板的厚度为 0.8 m;底板的厚度为 0.85 m;侧墙的厚度为 0.7 m,

中柱截面为 0.3 m×0.3 m。如图 3-36 所示：E_1 点表示中柱构件的顶点，E_2 点表示中柱构件的中点，E_3 点表示中柱构件的底点。由于中柱的抗弯刚度远远小于结构底板、结构顶板的抗弯刚度，可以近似认为中柱的边界条件为固定接触。所以，在地震作用过程中，E_2 点可认为是中柱构件的反弯点。

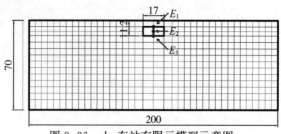

图 3-36　土-车站有限元模型示意图

土体材料参数如表 3-20 所示。混凝土 28 d 抗压峰值强度为 39.8 MPa，混凝土峰值强度对应的峰值应变为 0.002；混凝土的受压破坏强度为 20 MPa，混凝土极限强度对应的极限应变为 0.004。钢筋的屈服强度为 400 MPa，应变强化率为 0.01，弹性模量为 $2×10^5$ MPa。在 OpenSees 中，混凝土材料选为 Concrete01，钢筋材料选为 Steel02。Concrete01 材料是一种单轴 Kent-Scott-Park 混凝土材料模型。根据 Karsan-Jirsa 的研究成果所示：Concrete01 材料是一种可以表征加卸载刚度退化的混凝土材料。同时，该材料并未考虑混凝土材料的抗拉性能。在有限元分析模型中，四种不同的结构构件采用非线性梁柱单元模拟。车站结构的层间位移图如图 3-37 所示，E_3 点的中柱剪力、弯矩时程图如图 3-38 所示。

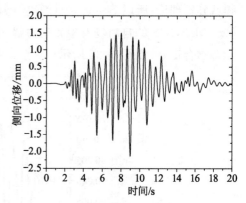

图 3-37　车站结构层间位移图

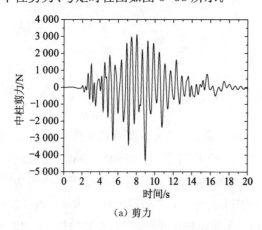

（a）剪力

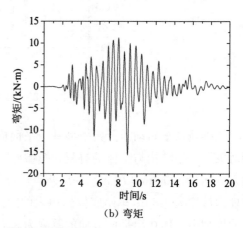

（b）弯矩

图 3-38　车站结构 E_3 点的剪力、弯矩时程图

3.2.3.2 钢构件试验过程

在车站地层系统中,车站中柱是地下结构抗震设计的关键构件。所以,根据刚度等效原则设计某个悬臂钢柱,悬臂钢柱代表车站中柱下半部分。悬臂钢柱是车站地层混合试验系统中的物理子结构,车站地层混合试验系统其余模型是数值子结构。在每一个积分步后,车站地层系统中的数值子结构计算出控制点处的位移响应,作为作动器的命令位移施加到物理子结构上。在施加给物理子结构强制位移指令后,通过作动器量测恢复力信号,并将其传输给数据交互系统。在 OpenFresco 平台中设置试验设备、试验单元,恢复力响应与位移响应会经历一系列的几何转换,最终完成交互。数值子结构得到物理子结构的恢复力信号后,即可代入动力方程组完成下一个时间步的计算,从而得到下一时刻的命令位移。结构阻尼、试验单元选择、作动器设置、数值结构的参数设置等因素均会影响混合试验的结果。由于钢结构构件的延性往往优于混凝土试件,考虑到混合试验的可重复性和安全性,在设计足尺混凝土试件混合试验前预先设计钢结构试件。基于虚拟混合试验流程与数值模型的研究结果,根据抗侧向刚度等效的原则设计物理子结构试件。物理子结构设计图如图 3-39 所示,作动器与物理子结构在柱顶处通过螺栓连接,实现混合试验水平加载条件。在柱脚与底座的连接处,设计四个竖向螺杆。通过改变螺杆的数目和直径调整试验子结构的抗侧向刚度。在柱底处设置 4 根直径为 15 mm 的竖向螺杆,通过作动器实测,物理子结构的抗侧向刚度为 1.64 kN/mm。在 OpenSees 软件中提取中柱单元的抗侧向刚度,数值单元的抗侧向刚度为 1.61 kN/mm。物理子结构与对应的数值结构的抗侧向刚度一致,可以在 OpenFresco 平台上完成位移信号、力信号的传递与反馈。本试验单元采用梁柱单元,试验单元在混合试验过程中接收作动器实测力信号与位移信号,不断更新单元恢复力本构关系,并反馈给数值子结构参与到下一个时间步的动力计算中。

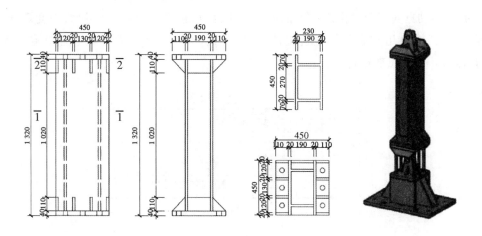

图 3-39　物理子结构设计图

$$K_{\text{exp}} = \begin{bmatrix} \dfrac{EA}{l} & 0 & 0 \\ 0 & \dfrac{12EI}{l^3} & -\dfrac{6EI}{l^2} \\ 0 & -\dfrac{6EI}{l^2} & \dfrac{4EI}{l} \end{bmatrix} \qquad (3\text{-}10)$$

为了实现混合试验过程,在 OpenFresco 平台上设置试验控制、试验装置、试验场地以及试验单元。本次混合试验的试验控制采用 MTS 加载电液伺服加载系统下的 MTS-CSI 控制方法。MTS-CSI 定义了一个抽象的控制点,该点可以控制试验单元节点在指定自由度上的位移指令;同时,该点可以反馈试验单元节点在指定自由度上的位移响应和荷载响应。如图 3-40 所示,在本次混合试验中,控制点选为中柱单元反弯点;加载方式采用单作动器加载;加载方向选为水平方向。在 MTS-CSI 控制系统中,设置一个位移控制通道;在 MTS-CSI 反馈系统中,设置一个位移反馈通道和一个荷载反馈通道。试验装置将 OpenFresco 软件中的试验单元自由度和实验室作动器加载方向的自由度进行转换。在本次混合试验中,试验装置采用单作动器加载,数值单元的运动方向与作动器的加载方向相反。试验场地定义了试验单元与试验子结构的通信站点类型。根据试验场地划分,混合试验有分布式混合试验类与局域混合试验类。当数值子结构和试验子结构都在同一试验室进行时,通信在局域网内进行,这种通信方式的混合试验称为局域混合试验;当数值子结构和试验子结构都在不同试验室进行时,通信在互联网内进行,这种通信方式的混合试验称为分布混合试验。本次混合试验的种类为局域混合试验。本次车站-地层系统混合试验的研究对象为车站中柱,在 OpenSees 软件中,梁、柱等构件的受力性能多用弹性梁柱单元、非线性梁柱单元、位移梁柱单元等。所以,本次混合试验中的试验单元采用试验梁柱单元。由于数值模型为二维分析模型,试验单元也是二维试验梁柱单元。在二维梁柱单元中,有两个节点,每个节点上有轴向、切向、转动方向三个自由度。可以通过理论计算,得到试验单元的初始刚度矩阵。根据混合试验试件的几何信息与材料属性,根据公式(3-10)计算试验单元的初始参数,在 OpenFresco 中定义试验梁柱单元。

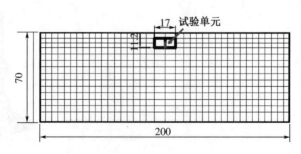

图 3-40　数值子结构示意图

为了校准混合试验的准确性,在同一张图中分别画出混合试验的位移响应、剪力响应与数值模型的位移响应、剪力响应。在地震动作用过程中数值模拟结果与混合试验结果基本一致,吻合程度良好。从而可以验证物理混合试验的可行性与准确性。

3.2.3.3 混合试验结果评价

以一层两跨车站模型为计算模型,以钢柱试件为物理子结构进行混合试验分析。为了评价混合试验的试验误差,将数值模型结果与混合试验结果同时绘于一张图中。为确保混合试验系统具有可靠性与稳定性,选取峰值加速度为 0.12 g 的上海人工波作为水平向地震动输入记录,开展混合试验研究。如图 3-41 所示,在 8.98 s,纯数值模型的加载点位移峰值为 -2.13 mm,混合试验的加载点位移峰值为 -2.08 mm;纯数值模型的剪力峰值为 -4.30 kN,混合试验剪力峰值为 -4.34 kN。

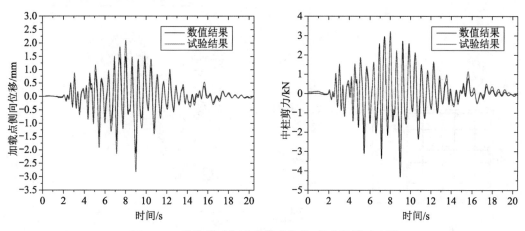

图 3-41 数值模型与试验模型位移、剪力结果对比图

需要说明的是,数值模型与物理模型在混合试验中都处于弹性阶段。在某人工波工况中,从整个振动过程看,数值模型与混合试验模型的加载点位移结果与剪力结果匹配良好。不同工况下波峰、波谷出现时刻大致相同。试验结果显示了该混合试验系统的精度和稳定性。

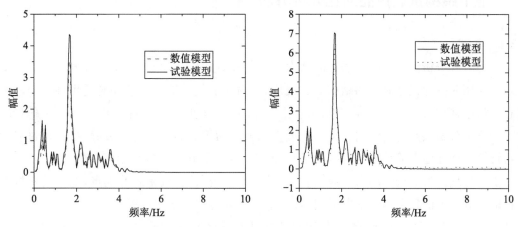

图 3-42 数值模型与试验模型位移、剪力频谱图

3.2.3.4 不同轴压比下中柱滞回性能研究

为了研究不同轴压比下开展地下大空间关键节点的大比例尺力学性能试验,重点研究低周往复加卸载条件下关键中柱节点的受力-变形滞回性能,揭示关键节点在不同轴压比加载条件下的抗震承载能力和破坏模式,选取地下大空间关键中柱构件作为分析对象。其中,代表柱的截面尺寸为 700 mm×700 mm,其截面配筋如图 3-43 所示。选取地下一层中柱反弯点下半柱作为分析对象,柱长为 2.2 m。施加竖向压力时,根据轴压比确定竖向荷载大小。两种截面的中柱构件分别进行五种工况数值模拟,轴压比分别选取 0.2,0.4,0.6。代表中柱在轴压比为 0.2,0.4,0.6 时进行横向水平往复加载,不同轴压比滞回曲线如图 3-44 所示。

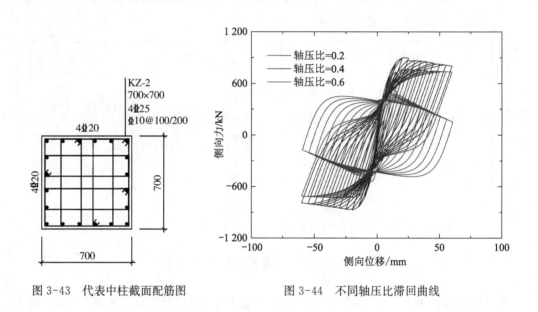

图 3-43　代表中柱截面配筋图　　　　　图 3-44　不同轴压比滞回曲线

3.3　地下结构抗震性能简化分析方法

3.3.1　概述

动力时程分析法作为一种缜密的动力分析手段,通过求解结构的振动微分方程可计算地震动作用时程内任意时刻的结构动力反应,且对于非均质地层有较好的适用性。但动力时程分析法往往需建立二维或三维的地层-结构模型,同时动力时程分析法计算工作量较大。拟静力分析法是将随时间变化的地震作用转化为等效静载或者等效静位移,通过静力分析计算结构在地震荷载下的内力及变形,将动力学问题转化为静力学问题的简化方法,该方法能较好地反映结构的动力反应,具有计算结果直观、计算效率高等优点,地下结构抗震分析的拟静力方法较多,如 20 世纪初,日本学者大森房吉最早提出静力理论指导隧道抗震设计;20 世纪 60 年代,美国旧金山修建快速地铁时提出了 BART 法;Shukla 基于弹性地基梁理论提出了 Shukla 法;苏联学者提出了基于连续介质弹性力学的福季耶娃法;其中日本于 20 世纪 70 年代提出的反应位移法应用最为广泛。

目前,《城市轨道交通结构抗震设计规范》(GB 50909—2014)、《地下铁道建筑结构抗震设计规范》(DG/TJ 08-2064—2009)均推荐反应位移法作为地下结构抗震设计方法。在现有简化计算方法的基础上,主要阐述基于地层-结构模型的反应剪力法和基于一维土柱模态等效理论的多质点模态等效模型,并简要介绍其对不同场地条件和不同结构形式的适用性。

3.3.2 多模态等效分析模型

1. 一维土柱模态等效理论

一维土层自由振动的模态特性参数包括一维土层水平剪切自由振动的固有频率、振型、土层水平剪切振动的第 n 阶模态有效质量、土层水平剪切振动的第 n 阶模态参与系数、土层水平剪切振动的第 n 阶模态有效高度和模态阻尼比。均质土的模态特性参数推导详见附录。

实际土层与其等效多自由度体系之间的模态等效原则包括等效多自由度体系每一阶模态的固有频率与实际土层自由振动对应模态的固有频率相等;等效多自由度体系每一阶模态的有效质量等于实际土层自由振动对应模态的有效质量;等效多自由度体系每一阶模态的有效高度与实际土层自由振动对应的模态有效高度一致;等效多自由度体系与实际土层在每一阶模态上具有相同的模态阻尼比。

等效多自由度体系的质量参数为

$$m_j = \frac{\Theta_{j-1}^2}{\Psi_{j-1} \Psi_j} \tag{3-11}$$

等效多自由度体系的刚度参数为

$$k_j = \frac{\Theta_{j-1} - \Theta_j}{\Psi_j^2} \tag{3-12}$$

等效多自由度体系的高度参数为

$$h_j = \sum_{n=1}^{N} \varphi_{jn} \Gamma_n h_n^e = \sum_{n=1}^{N} r_{jn} h_n^e \tag{3-13}$$

$$\Theta_j = \sum_{l=1}^{C_N^{N-j}} \left[\prod_{n \in S_l^{\binom{N-j}{N}}} M_n^e \omega_n^2 \right] \left[\prod_{m<n \in S_l^{\binom{N-j}{N}}}^{C_{N-j}^2} (\omega_m^2 - \omega_n^2)^2 \right] \tag{3-14}$$

$$\Psi_j = \sum_{l=1}^{C_N^{N-j}} \left[\prod_{n \in S_l^{\binom{N-j}{N}}} M_n^e \omega_n^4 \right] \left[\prod_{m<n \in S_l^{\binom{N-j}{N}}}^{C_{N-j}^2} (\omega_m^2 - \omega_n^2)^2 \right] \tag{3-15}$$

式中 $S_l^{\binom{N-j}{N}}$ ——从由 l 到 N 的整数集中任意选取 $N-j$ 个数形成的第 l 个数集,$l=1$,

$2, \cdots, C_N^{N-j}$;

C_N^{N-j} ——从 N 个数中选择 $N-j$ 个数的组合数,$j=1,2,\cdots,N$,并且 $\Theta_N=\Psi_N=1$;

ω_n ——一维土柱自由振动的第 n 阶固有频率;

M_n^e ——一维土柱自由振动的第 n 阶模态有效质量;

φ_{jn} ——等效多自由度体系的第 j 个质点的第 n 阶振型;

Γ_n ——等效多自由度体系的第 j 个质点的第 n 阶模态参与系数;

h_n^e ——一维土柱的第 n 阶模态有效高度。

黏滞阻尼单元的阻尼系数为

$$c_{jk}=-m_j m_k \sum_{n=1}^N \frac{2\xi_n\omega_n\Gamma_n^2}{M_n^e}\phi_{jn}\phi_{kn} \tag{3-16}$$

$$c_{j(N+1)}=\sum_{k=1}^N\left(m_j m_k \sum_{n=1}^N \frac{2\xi_n\omega_n\Gamma_n^2}{M_n^e}\phi_{jn}\phi_{kn}\right) \tag{3-17}$$

式中 c_{jk} ——质点 m_j 和 m_k 之间的阻尼单元;

$c_{j(N+1)}$ ——质点 m_j 和基础之间的阻尼单元。

2. 动力有限元计算模型

为了验证模态等效模型的合理性,采用 Abaqus 建立动力有限元计算模型作为比较。

根据杨林德教授等的研究,地铁车站沿轴线长度方向,横截面大小和形状不变,尺寸在纵方向远大于其他两个方向;作用外力与纵向轴垂直,并且沿长度不变,此数值模拟问题可以简化为平面应变问题。根据 Desai 提出的平面应变简化模型,对中柱刚度进行折减,该地铁车站中柱轴线距离 9 m,中柱沿轴向宽度为 0.9 m,采用该模型,将中柱 C40 混凝土的弹性模量折减为原弹性模量的 1/10。根据《城市轨道交通结构抗震设计规范》(GB 50909—2014)第 6.9.1 条和第 6.9.2 条,模型边界一般采用黏性人工边界或黏弹性人工边界等合理的人工边界条件,且侧向人工边界应避免采用固定或自由等不合理的边界条件。土层的选取范围,一般顶面取地表面,底面取设计地震荷载作用面,水平向自结构侧壁至边界的距离至少取结构水平有效宽度的 3 倍。根据楼梦麟等的研究,结构侧墙到土体边界大于5倍车站宽度,并设置无限元人工边界,边界效应可以忽略不计。根据《地下铁道建筑结构抗震设计规范》(DG/TJ 08-2064—2009)第 A.0.7 条,设计地震荷载作用面地表以下 70 m 深度处。考虑到边界效应的影响,对不同宽度的空腔土体底部输入地震波(某人工波,50 年超越概率 10%),提取地表加速度响应幅值,示意如图 3-45、图 3-46 所示。

在单侧土体宽度接近 100 m 时,土体顶部加速度响应幅值趋于稳定,本例取 100 m(5 倍车站宽度)作为单侧土体宽度。

综上所述,土体采用四节点减缩积分实体单元进行模拟,结构侧墙到土体侧向边界的距离取约 5 倍车站宽度,土体总宽度为 225 m,深度为 70 m,土体两侧设置无限元,以减少边界效应对车站结构响应的影响。结构模型如图 3-47、图 3-48 所示。

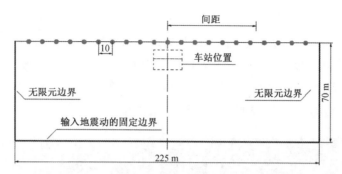

图 3-45　空腔土体加速度幅值观测点示意图

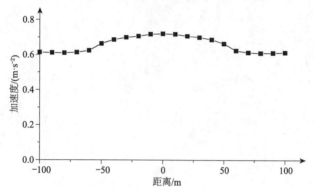

图 3-46　不同宽度空腔土体地表加速度幅值

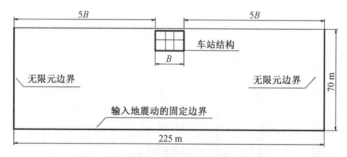

图 3-47　动力有限元计算模型示意图

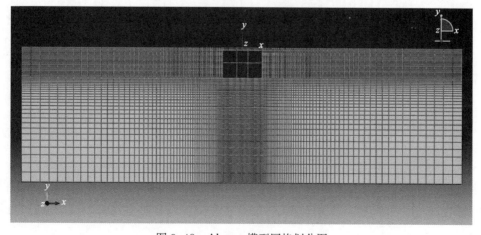

图 3-48　Abaqus 模型网格划分图

133

3. 等效模型参数分析

依据等效原则,简化模型等效土体宽度与有限元模型等效土体宽度一致,即结构单侧土体宽度取约 5 倍车站宽度,每侧土体等效成若干列质点。为了探究等效质点列数对等效计算精度的影响,分别取 1 列、2 列、3 列,每列分别有 6 个质点,计算结构在正弦波每赫兹下的地震响应,3 列质点示意如图 3-49 所示,计算结果如图 3-50 所示。

图 3-49　3 列质点模型示意图

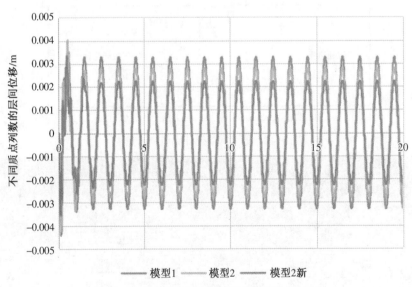

图 3-50　不同质点列数的层间位移计算结果

由以上三种模型的响应结果可以看出,运动稳定后层间位移的时程响应误差在 1% 以内,在两侧选取的土体宽度一致的情况下,等效质点列数对计算结果影响很小,为了计算及建模简便,以下的等效模型都取一列质点进行分析。一侧简化土体的自由度数的取值任意,同济大学李翀的研究表明,等效土体自由度数越多,响应越接近真实情况。但是,考虑到试验条件的限制,等效土体自由度在保证结果准备的前提下,尽可能少。本文对多种情况进行分析,计算 2 自由度体系、4 自由度体系、6 自由度体系和 8 自由度体系,比较结构侧墙底角的弯矩,选取最优自由度数,结果如图 3-51 所示,比较结构最大层间位移如图 3-52 所示。

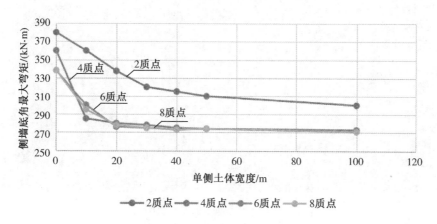

图 3-51 不同土体宽度下侧墙底角最大弯矩

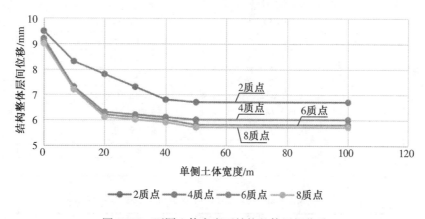

图 3-52 不同土体宽度下结构整体层间位移

等效土体取 4 自由度、6 自由度和 8 自由度时结构侧墙底角最大弯矩基本相同,而与 2 自由度时的结果相差较大。为了简化计算自由度,并使结果尽可能接近结构真实响应,在一侧土体取 8 个自由度,后续参数分析均采用 8 自由度体系进行分析。在 Abaqus 中建立模态等效模型示意图如图 3-53 所示。

质点等效参数包括质点质量、土层间弹簧刚度和质点离底板高度,由模态等效理论确定,计算表和计算结果如表 3-21、表 3-22 所示。

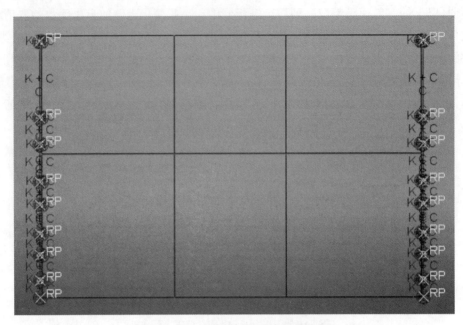

图 3-53　模态质量模型示意图

表 3-21　均质土层的 8 质点一维等效多自由度参数计算表

质点编号	质点质量	弹簧刚度	质点高度
N	$m/(8\rho H/\pi 2)$	$k/(2G/H)$	h/H
1	0.350 567 639	2.719 921	0.872 412
2	0.181 096 803	3.944 691	0.614 593
3	0.140 637 228	4.756 334	0.522 534
4	0.121 652 378	5.338 769	0.395 227
5	0.110 789 889	5.762 779	0.317 509
6	0.104 050 171	6.069 593	0.218 735
7	0.099 579 265	6.324 706	0.145 418
8	0.094 117 647	8	0.060 023

表 3-22　均质土层的 8 质点一维等效多自由度参数计算结果

质点编号	质点质量/kg	弹簧刚度/(N·m⁻¹)	质点高度/m
N	$m/(8\rho H/\pi 2)$	$k/(2G/H)$	h/H
1	8 078.08	4.55E+07	13.48
2	4 172.99	6.60E+07	9.50
3	3 240.69	7.96E+07	8.07
4	2 803.22	8.93E+07	6.11
5	2 552.92	9.64E+07	4.91
6	2 397.61	1.02E+08	3.38
7	2 294.59	1.06E+08	2.25
8	2 168.74	1.34E+08	0.93

土与结构的相互作用通过弹簧模拟,弹簧刚度根据基床系数换算得到。根据《城市轨道交通结构抗震设计规范》(GB 50909—2014)第 6.6.2 条,基床系数可以采用静力有限元法进行计算,去除结构位置处的土体,将土体模型侧面和地面边界固定,土层的弹性常数根据地震反应分析或场地试验得到。在空腔侧壁施加水平向均布力 q,得到空腔侧壁平均变形 Δx,侧壁水平向基床系数根据公式 $k = \dfrac{q}{\Delta x}$ 计算。示意如图 3-54、图 3-55 所示。

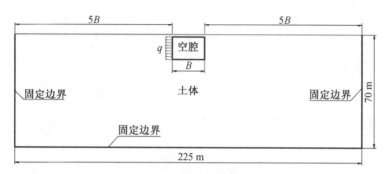

图 3-54　基床系数计算示意图

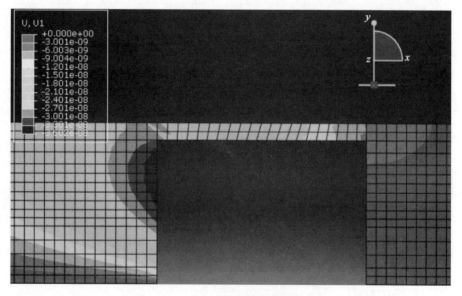

图 3-55　ABAQUS 基床系数计算结果

在空腔侧壁施加 $1\ \text{N/m}^2$ 的水平向均布力,并将侧面土体沿高度方向,按质点高度分配成 8 份,计算每部分的平均变形,则基床系数的值为

$$k_i = \frac{q}{\Delta x_i} \tag{3-18}$$

一侧的土结构相互作用弹簧的刚度 k_h 根据基床系数 k 换算。

$$k_{h1} = k_1 \times \left(h_0 + \frac{h_1}{2} \right)$$

$$k_{hi} = k_i \times \left(\frac{h_{i-1}}{2} + \frac{h_i}{2} \right) (i = 2, 3, 4, \cdots, 8)$$

式中 k ——水平向地基基床系数；

k_{hi} ——水平向土结构相互作用弹簧刚度；

h_0 ——结构上覆土厚度；

h_i ——土体等效质量点 i 和 $i+1$ 之间的距离。

计算结果如表 3-23 所示。

表 3-23 基床系数和弹簧刚度计算结果

编号	基床系数 $k_i / (\text{N} \cdot \text{m}^{-2})$	弹簧刚度 $k_{hi} / (\text{N} \cdot \text{m}^{-1})$
1	30 870 438.31	1.22E+08
2	28 492 382.56	7.70E+07
3	29 483 565.86	5.00E+07
4	32 141 318.95	5.09E+07
5	36 665 829.46	5.00E+07
6	44 006 917.89	5.85E+07
7	58 992 177.64	7.23E+07
8	112 502 390.7	1.79E+08

4. 土-结构间弹簧阻尼

土-结构动力相互作用的阻尼效应主要以辐射阻尼为主,按辐射阻尼理论计算,是地震波从结构底部向无限土体中传播引起的能量耗散。Gazetas(1991)推导了均质半空间中任意形状的表置和埋置基础的动力阻尼系数,基础的阻尼系数为

$$\left. \begin{array}{l} C_x = \rho V_s A_b \\ C_y = (\rho V_s A_b) \tilde{c}_y \\ C_z = (\rho V_{La} A_b) \tilde{c}_z \end{array} \right\} \tag{3-19}$$

式中, $\tilde{c}_y$, $\tilde{c}_z$ 分别为水平横向和竖向阻尼系数修正系数,其他符号意义同前。

埋置基础的阻尼系数为

$$\left. \begin{array}{l} C_{x,\,\text{emb}} = C_x + 4\rho V_{La} Bd + 4\rho V_s Ld \\ C_{y,\,\text{emb}} = C_y + 4\rho V_s Bd + 4\rho V_{La} Ld \\ C_{z,\,\text{emb}} = C_z + \rho V_s A_w \end{array} \right\} \tag{3-20}$$

式中 ρ——土体密度；

V_s——土体剪切波速；

V_{La}——Lysmer 类波速。

$$V_{La} = \frac{3.4}{\pi(1-\upsilon)}V_s \tag{3-21}$$

5. 土层间相互作用阻尼

根据模态等效第四原则，土层自由振动的每一阶模态阻尼比 ξ_n 满足等效多自由度体系的公式：

$$C_n = 2\xi_n\omega_n M_n \tag{3-22}$$

按模态等效理论来计算阻尼矩阵，广义阻尼矩阵 C 为

$$C = \Phi^T c\Phi = \mathrm{diag}(2\xi_n\omega_n M_n) \tag{3-23}$$

于是，阻尼矩阵 C 可以表示为

$$C = (\Phi^T)^{-1}\mathrm{diag}(2\xi_n\omega_n M_n)(\Phi)^{-1} \tag{3-24}$$

由于广义质量矩阵 M 为对角阵，可以构造单位矩阵

$$I = MM^{-1} = M\mathrm{diag}\left(\frac{1}{M_n}\right) = \Phi^T m\Phi\mathrm{diag}\left(\frac{1}{M_n}\right) \tag{3-25}$$

以及

$$I = M^{-1}M = \mathrm{diag}\left(\frac{1}{M_n}\right)M = \mathrm{diag}\left(\frac{1}{M_n}\right)\Phi^T m\Phi \tag{3-26}$$

则阻尼矩阵 C 改写为

$$C = m\Phi\mathrm{diag}(2\xi_n\omega_n/M_n)(\Phi)^T m \tag{3-27}$$

或者

$$C = m\left(\sum_{n=1}^{N}\frac{2\xi_n\omega_n}{M_n}\phi_n\phi_n^T\right)m \tag{3-28}$$

其为对称阵，其中第 j 行、第 k 列的元素 c_{jk} 为

$$c_{jk} = m_j m_k\sum_{n=1}^{N}\frac{2\xi_n\omega_n}{M_n}\varphi_{jn}\varphi_{kn} \tag{3-29}$$

于是，阻尼矩阵的对角元素为

$$c_{jj} = \sum_{k=1,\,k\neq j}^{N+1}d_{jk} \tag{3-30}$$

非对角元素为

$$c_{jk} = c_{kj} = -d_{jk} \qquad (3\text{-}31)$$

那么黏滞阻尼单元的阻尼系数可以确定为

$$
\begin{cases}
d_{jk} = -m_j m_k \sum_{n=1}^{N} \dfrac{2\xi_n \omega_n \Gamma_n^2}{M_n^e} \varphi_{jn} \varphi_{kn} \\[2mm]
d_{j(N+1)} = \sum_{k=1}^{N} \left(m_j m_k \sum_{n=1}^{N} \dfrac{2\xi_n \omega_n \Gamma_n^2}{M_n^e} \varphi_{jn} \varphi_{kn} \right)
\end{cases}
\qquad (3\text{-}32)
$$

式中　d_{jk} ——质点 m_j 和 m_k 之间的阻尼单元；

　　　$d_{j(N+1)}$ ——质点 m_j 和基础之间的阻尼单元。

计算结果如表 3-24 所示。

表 3-24　阻尼矩阵计算结果

质点 1	质点 2	质点 3	质点 4	质点 5	质点 6	质点 7	质点 8	底板	
0	23 904.32	5 678.127	2 638.477	1 479.409	873.344 7	486.294 2	194.455 6	14 324.9	质点 1
	0	21 080.04	4 317.508	1 824.112	935.726 4	483.254 8	186.374 4	8 500.49	质点 2
		0	20 712.69	4 070.41	1 625.337	747.655 2	273.721 6	7 755.445	质点 3
			0	20 544.2	3 904.071	1 429.169	478.326 2	8 131.545	质点 4
				0	20 352.81	3 637.994	1 004.544	9 403.77	质点 5
					0	19 929.08	2 849.896	12 112.06	质点 6
						0	18 110.2	18 546.59	质点 7
							0	46 744.97	质点 8

其中，元素（质点 1-质点 2）表示质点 1 和质点 2 之间的剪切弹簧阻尼；同理，元素（质点 1-底板）表示质点 1 和底板之间的剪切弹簧阻尼；阻尼矩阵为对称矩阵。

阻尼矩阵的优点是，阻尼参数取值不随输入地震动的频率特性改变而改变，如图 3-56 所示。

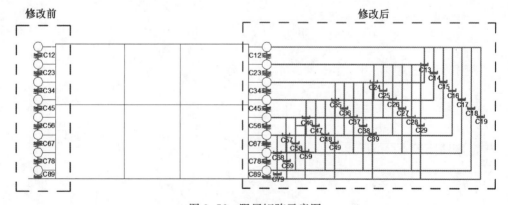

图 3-56　阻尼矩阵示意图

3.3.3 数值计算结果评价

通过将地震动输入到自由场模型底部,提取结构底板高度位置处的加速度响应,再输入到简化模型底板上。地震波取某人工波(50 年超越概率 10%)且只考虑水平横向的地震作用(图 3-57)。

根据杨林德等的研究,地铁车站在地震荷载作用下,底板端部和中柱柱端是易破坏位置。采用 ABAQUS 有限元分析软件计算表明,结构受力最大的部位出现在中柱下柱端(剪力控制)、侧墙底角(弯矩控制)和底板端角,观测点设置在中柱顶端、中柱底端、侧墙底角以及底板的端部,并同时计算最大层间位移(图 3-58、图 3-59)。

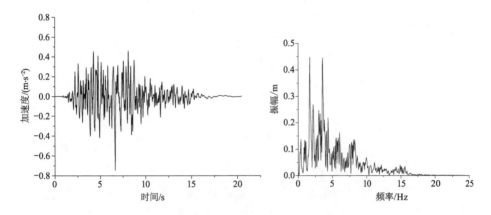

图 3-57 模态自振频率分析结果

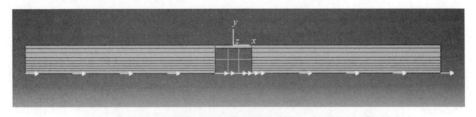

图 3-58 有限元模型地震动输入示意图

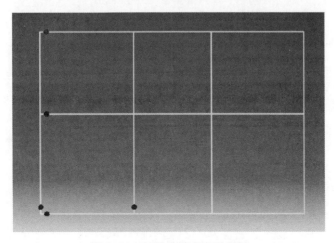

图 3-59 结构关键节点示意图

标准模型与简化模型计算所得位移响应如图 3-60 所示。

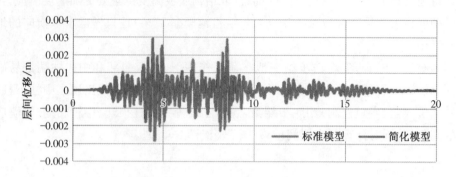

图 3-60　层间位移响应时程-人工波

标准模型与简化模型计算所得内力响应如图 3-61—图 3-63 所示。

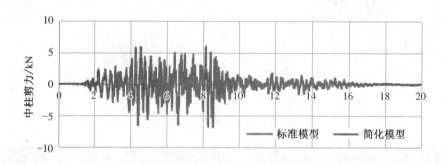

图 3-61　中柱剪力响应时程-某人工波

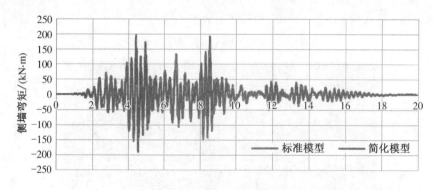

图 3-62　侧墙弯矩响应时程-某人工波

（1）层间位移方面，由以上两模型的位移时程结果可以看出，模态等效模型的模拟结果稍大，具有相当的精度，平均误差在 5% 以内。

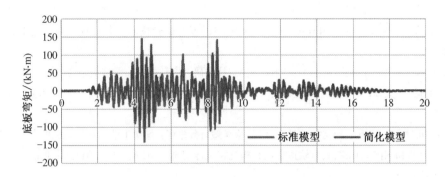

图 3-63 底板弯矩响应时程-某人工波

（2）结构内力方面，简化模型的中柱剪力、侧墙弯矩和底板弯矩稍大，平均误差在 6% 左右。简化模型的弹簧约束是点状约束，弱于有限元模型的线约束，故其地震动响应最大值比有限元模型少大，但在计算精度允许的误差范围内。

参考文献

[1] 公安部消防局.中国消防年鉴[M].北京：中国人事出版社,2005.

[2] 中华人民共和国国家标准.建筑抗震设计规范：GB 50011—2010[S].北京：中国建筑工业出版社,2010.

[3] 曹炳政,罗奇峰,马硕,等. 神户大开地铁车站的地震反应分析[J]. 地震工程与工程振动,2002,22(4)：102-107.

[4] 蒋英礼,赵伯明,胡晓勇等. 软土地铁车站中柱在强震作用下的响应研究[J]. 防灾减灾工程学报,2009,29(4)：405-410.

[5] 王进廷,金峰,张楚汉. 结构抗震试验方法的发展[J]. 地震工程与工程振动,2005,25(4)：37-43.

[6] 吕西林,邹昀,卢文胜.上海环球金融中心大厦结构模型振动台抗震试验[J].地震工程与工程振动,2004,24(3)：57-63.

[7] 沈聚敏. 抗震工程学 [M]. 2 版.北京：中国建筑工业出版社,2015.

[8] 汪强,王进廷,金峰,等.结构-地基动力相互作用的实时耦联动力试验[J]. 工程力学,2011,28(2)：94-100.

[9] 杜修力,马超,路德春,等. 大开地铁车站地震破坏模拟与机理分析[J]. 土木工程学报,2017(1)：53-62.

[10] 谭晓晶. 大刚度试件拟动力试验方法[D].哈尔滨：哈尔滨工业大学,2013.

[11] 卢鹏. 面向动力子结构试验的耦合积分方法研究[D].重庆：重庆大学,2016.

[12] 许国山,郝伟,陈永盛,等.基于有限元软件 OpenSees 和 OpenFresco 的混合试验[J].土木工程学报,2012(s1)：36-41.

[13] 贾红星,蔡新江,田石柱.应用 OpenFresco 平台的抗震混合试验技术[J].四川建筑科学研究,2013,39(4)：209-212.

[14] 蔡新江,贾红星,巩牧华,等.基于单柱子结构模型的型钢混凝土异形柱框架抗震性能混合试验研究

[J].建筑结构学报,2017,38(4)：35-44.

[15] 赖子钦.基于 OpenSees-OpenFresco-Simulink-MTS 的混合试验技术及其应用研究[D].上海：同济大学,2017.

[16] 陈敏.结构抗震混合试验方法的应用与误差控制技术研究[D].上海：同济大学,2018.

[17] 王贞,刘进进,吴斌.实时混合试验近完全时滞补偿方法的参数确定[J].工程力学,2014,31(10)：158-166.

[18] 福季耶娃.地震区地下结构支护的计算[M].徐显毅,译.北京：煤炭工业出版社,1986.

[19] 中华人民共和国国家标准.城市轨道交通结构抗震设计规范：GB 50909—2014[S].北京：中国建筑工业出版社,2014.

[20] 袁勇,禹海涛,陈之毅.软土浅埋框架结构抗震计算方法评价[J].振动与冲击,2009,28(8)：50-56.

[21] 禹海涛,袁勇,张中杰,等.反应位移法在复杂地下结构抗震中的应用[J].地下空间与工程学报,2011(5)：857-862.

[22] 刘如山,胡少卿,石宏彬.地下结构抗震计算中拟静力法的地震荷载施加方法研究[J].岩土工程学报,2007,29(2)：237-242.

[23] 刘晶波,王文晖,赵冬冬,等.地下结构抗震分析的整体式反应位移法[J].岩石力学与工程学报,2013,32(8)：1618-1624.

[24] 片山幾夫,足立正信,嶋田穰,等.地下埋設構造物の実用な準動的解析法(応答震度法)の提案[C]//土木学会.土木学会第40回年次学術講演会講演概要集第1部門,东京：土木学会,1985：1-9.

[25] 刘晶波,刘祥庆,李彬.地下结构抗震分析与设计的 Pushover 分析方法[J].土木工程学报,2008,41(4)：73-80.

[26] 晏启祥,刘记,赵世科,等.反应位移法在盾构隧道纵向抗震分析中的应用[J].铁道建筑,2010(7)：77-80.

[27] 周川,焦玉勇,张国华,等.等效线性方法在地铁车站抗震分析中的应用[J].地下空间与工程学报,2015,11(S2)：518-525.

[28] Bertero V V. Strength and deformation capacities of buildings under extreme environments[J]. Structural Engineering & Mechanics. 1977(1)：211-215.

[29] Luco N, Cornell C A. Effects of Connection Fractures on SMRF Seismic Drift Demands[J]. Journal of Structural Engineering. 2000, 126(1)：127-136.

[30] Luco N, Cornell C A, Effects of random connection fractures on demands and reliablilty for a 3-story pre-Northridge SMRF structure[C]. Proceeding of the 6th U.S. National Conference on Earthquake Engineering, Washington, 1998.

[31] Bazzurro P, Cornell C A. Seismic Hazard Analysis for Non-Linear Structures. I：Methodology[J]. Journal of Structural Engineering. 1994, 120(11)：3320-3344.

[32] Bazzurro P, Cornell C A. Seismic Hazard Analysis for Non-Linear Structures. II：Application[J]. 1994, 120(11)：3345-3365.

[33] FEMA. Recommended seismic design criteria for new steel moment-frame buildings[R]. Report No. FEMA-350, SAC Joint Venture, Federal Emergency Management Agency, Washington DC, 2000.

[34] Vamvatsikos D, Cornell C A. Incremental dynamic analysis[J]. Earthquake Engineering & Structural

Dynamics. 2002, 31(3): 491-514.

[35] Jalayer F, Cornell C A. A technical framework for probability-based and capacity factor design (DCFD) seismic formats [R]. Pacific Earthquake Engineering Research Center, College of Engineering, University of California Berkeley, 2004.

[36] Zhang X, Wong K K F, Wang Y, et al. Performance assessment of moment resisting frames during earthquakes based on the force analogy method[J]. Journal of Structural Engineering, 2007,29(10): 2792-2802.

[37] Huo Hong-bin, Bobet A. Seismic design of cut and cover rectangular tunnels-evaluation of observed behavior of Dakai station during Kobe earthquake[C]. Proceedings of 1st World Forum of Chinese Scholars in Geotechnical Engineering, Tongji University, Shanghai, 2003.

[38] Uenishi K, Sakurai S. Characteristic of the vertical seismic waves associated with the 1995 Hyogo-ken Nanbu (Kobe), Japan earthquake estimated from the failure of the Daikai Underground Station[J]. Earthquake Engineering & Structural Dynamics. 2000;29(6): 813-21.

[39] Senzai Samata, Hajime Ohuchi and Takashi. A study of the damage of subway structures during the 1995 Hanshin-Awaji earthquake Matsuda[J]. Cement and Concrete Composites, 1997(19): 223-239.

[40] Williams M S, Blakeborough A. Laboratory Testing of Structures under Dynamic Loads: An Introductory Review[J]. Philosophical Transactions Mathematical Physical & Engineering Sciences, 2001, 359(1786): 1651-1669.

[41] Hakuno M, Shidawara M, Hara T. Dynamic Destructive Test of a Cantilever Beam, Controlled by an Analog-Computer[J]. 2010, 1969(171): 1-9.

[42] Mahin S A. Pseudodynamic Test Method—Current Status and Future Directions[J]. Journal of Structural Engineering, 1989, 115(8): 2113-2128.

[43] Chung W J, Yun C B, Kim N S, et al. Shaking table and pseudodynamic tests for the evaluation of the seismic performance of base-isolated structures[J]. Engineering Structures, 1999, 21(4): 365-379.

[44] Blakeborough A, Darby AP, Williams DM. The development of real-time substructure testing[J]. Philosophical Transactions of the Royal Society A Mathematical Physical & Engineering Sciences, 2001, 359(1786): 1869-1891.

[45] Conte J P, Trombetti T L. Linear dynamic modeling of a uni-axial servo-hydraulic shaking table system [J]. Earthquake Engineering & Structural Dynamics, 2015, 29(9): 1375-1404.

[46] Chen C, Ricles J M. Improving the inverse compensation method for real-time hybrid simulation through a dual compensation scheme[J]. Earthquake Engineering & Structural Dynamics, 2010, 38 (10): 1237-1255.

[47] WANG Q, WANG J T, JIN F, et al. soil-structure interaction analysis by real-time dynamic hybrid testing[J]. Engineering Mechanics, 2011, 31(12): 1690-1702.

[48] Shao X, Griffith C. An overview of hybrid simulation implementations in NEES projects [J]. Engineering Structures, 2013(56): 1439-1451.

[49] Shing P B, Nakashima M, Bursi O S. Application of Pseudodynamic Test Method to Structural Research[J]. Earthquake Spectra, 1996, 12(1): 29-56.

［50］Bao X，Xia Z，Ye G，et al. Numerical analysis on the seismic behavior of a large metro subway tunnel in liquefiable ground［J］. Tunnelling & Underground Space Technology，2017(66)：91-106.

［51］Zienkiewicz O C，Bicanic N，Shen F Q. Earthquake Input Definition and the Trasmitting Boundary Conditions［M］// Advances in Computational Nonlinear Mechanics. Springer Vienna，1989.

［52］Zienkiewicz O C，Chan A H C，Pastor M，et al. Computational geomechanic with special Reference to Earthquake Engineering［M］. Chichester：Wiley，1999.

［53］Amorosi A，Boldini D，Elia G. Parametric study on seismic ground response by finite element modelling［J］. Computers & Geotechnics，2010，37(4)：515-528.

［54］Kwok A，Geotechnical P，Stewart C，et al. Use of exact solutions of wave propagation problems to guide implementation of nonlinear seismic ground response analysis procedures［J］. Journal of Geotechnical & Geoenvironmental Engineering，2007，133(11)：1385-1398.

［55］Idriss I M，Sun J I. User's Manual for SHAKE91［J］. Center for Geotechnical Modeling，1992，388(5-6)：279-360.

［56］KUESEL T R. Earthquake design criteria for subways［J］. Journal of the Structural Division Proceedings of the American Society of Civil Engineers，1969(6)：1213-1231.

［57］SHAKE D K，RIZZO P C，STEPHENSON D E. Earthquake load analysis of tunnels and shafts［C］// Proceedings of the 7th World Conference on Earthquake Engineering. Michigan：University of Michigan Press，1980.

［58］HE C，KOIZUMI A Study on Seismic Behavior and Seismic Design Methods in Transverse Direction of Shield Tunnels［J］. Structural Engineer and Mechanics，2001，11(6)：651-662.

［59］PENZIEN J. Seismically induced cracking of tunnel linings［J］. Earthquake Engineering and Structural Dynamics，2000(29)：683-691.

第**4**章

超高层建筑群大规模地下空间运营安全指标体系

4.1 概述

以某园区规划为例,园区规划平面图如图 4-1 所示。

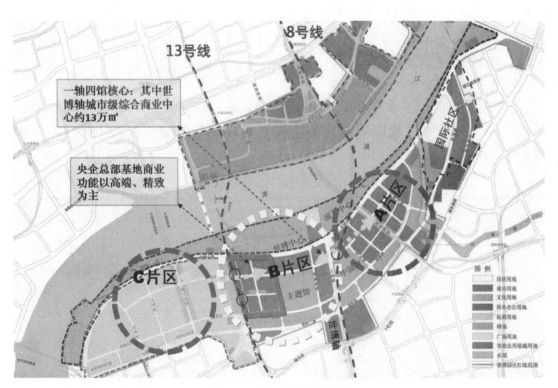

图 4-1　某园区规划平面图

4.1.1 大规模地下空间的特点

大规模地下空间集结了大型地上建筑和地下空间的共同特点,同时又具有显著区别于一般地下空间的特点：

（1）地下空间的最大特点是封闭性，在封闭的空间内，人容易失去方向感，大量人员进入地下空间，在发生灾害时，心理恐慌与行动混乱要严重得多。

（2）地理位置特殊。大型地下空间一般位于我国一、二线城市，人口流动密度大，一旦发生安全事故将造成很大社会影响。

（3）人员密集场所，人口流动量大。大规模地下空间中，人员密度相对地上高，一旦发生安全事故，容易造成惊恐、慌乱，场面不易控制。

（4）功能复杂。大型地下空间趋于经营多元化，除了商业功能还兼有餐饮、娱乐等功能，这使得用电设备大大增加，安全隐患也因此增加。

某园区 B 片区集合了超过百万平方米的地上建筑和地下空间面积，具有人员、建筑各类要素密集的特征，其内部多种要素相互作用复杂，容易产生各类不稳定因素，从而形成灾害源。

《国家综合防灾减灾"十二五"规划》和《国家防灾减灾科技规划（2010—2020 年）》均将自然灾害风险评估研究作为国家重点开展和支持的工作，大规模地下空间防灾作为重大的工程项目，需要针对性地进行防灾设计和管理。

4.1.2 地下空间防灾理论研究现状

1. 地下空间防灾理论与设计方法

城市地下空间为人们带来快捷的交通、集中的人流以及安全的避难场所等功能的同时，当其内部发生灾害事故（如火灾）时，所造成的危害远大于地面，实施救援和协调也更加困难。地下空间在防灾方面的优缺点如表 4-1 所示。

表 4-1 地下空间在防灾方面的优点和缺点

灾害类型	优点	缺点
地震	地表下运动较小 结构随土体运动	断层位移难以消除 软弱地层中不稳定性大
台风	风荷载对地下结构影响小	对浅层公用设施影响大
洪涝	地表可以挡水	若遇洪灾，恢复时间较长
外部火灾、爆炸	地表可以提供保护	出入口及地面结构防护较差
外部辐射、生化灾难	地表可以提供保护	通风设施需要正确设防
内部火灾、爆炸	合理分区可以隔断灾害	空间密闭性，增加室内损害与人身危险
内部辐射、生化灾害	合理分区可以隔断灾害	空间密闭性，增加室内损害与人身危险

在高密度城市中心区,传统灾害与新型灾种同时多发,各类灾害间连锁反应造成灾害影响的扩大,高密度中心区由于用地条件限制,用于各类防灾和避难活动的空间不足,防灾规划布局难度大;而其建筑和城市空间的大体量和复杂性又为灾时疏散逃生和救援活动造成了困难。

我国的城市防灾研究长期以来以传统单灾种为主要研究对象,总体表现为单项致灾因子的防灾减灾研究水平较高,而针对多因子综合作用研究水平较弱;传统致灾因子的防灾减灾研究水平较高,新型灾害研究水平较弱。而高密度城市中心区灾害具有灾种多样性、复杂关联性等特征。目前针对城市高密度地区的安全研究仍存在大量空白点,因此高密度城市中心区防灾研究的开展具有必要性与紧迫性。

对地下空间安全运营问题的研究,主要从地下空间开发利用过程中可能的安全隐患和政策选择两方面进行研究:一方面重点分析灾害对地下空间安全的影响及解决路径,如建立灾害管理系统等;一方面是提出地下空间运营使用过程中的风险及解决措施,如提出加强防灾设备验收、防灾管理等政策建议。安全问题已然成为地下空间发展的制约因素。

现行地下空间安全评价已有单灾种抗灾理论和设计方法。在此基础上进行综合评判有两种路径:第一种是基于原因的综合评判,分别就每个灾种致灾因素(火灾、水灾、爆炸、地震等)进行单独评价,如有不满足安全要求的因素,则对其进行加强和改进,直至每个灾种均满足安全要求,此方法没有考虑灾种间相关性,评判易顾此失彼;或者针对各灾种致灾因素,探索其致灾机制,考虑各灾种间的相互关联并进行综合评价,此方法全面且能真实地反映地下空间安全状况,但因其复杂性还有待研究。第二种是基于后果的综合评判,即通过分析各灾种可能因其后果出现的频率高低,构建城市地下空间多灾种安全评价指标体系。

2. 地下空间防灾减灾对策

地下空间的开发利用是解决当今用地紧张、交通拥挤、空气污染以及雨洪内涝等城市问题的治本之策,是实现城市可持续发展的必然趋势。但现有的规范和约束城市地下空间开发利用的法律法规一般覆盖范围小、法律效力低,而且不同法律法规之间还存在内容上的冲突,影响城市地下空间资源更好的开发利用和维护管理。加强地下空间的统一管理,提出"综合协调、专业管理"的框架,应由政府牵头协调,各专业联合组成管理机制。立法实施统一管理部门,形成一元管理模式,做出决策或决定;同时积极倡导引导行业协会、研究咨询服务机构等非政府组织的成立与健全,使其既能为企业提供信息、法律、政策以及行业发展方向的咨询,又能协调政府办理具体的事务。要建立起高效的组织管理体系,形成信息共享机制、安全保障机制、决策机制、执行机制和监督机制,充分发挥组织管理在地下空间开发利用的核心组织作用。

针对地震、水灾、火灾、恐怖袭击、水管爆裂事故、人为失误等引起的灾害类型,日本分别制定了相应的法律、法规及政策,以推进对地下空间的管理和维护,具体对策如表4-2、表4-3所示。从表4-2中可以看出,针对每个灾种的防灾减灾措施,首先以法律形式确定相关的防护对策,其次才是制定相应的技术对策,并执行法律规定的对策要求。

表 4-2 地下商业街防灾减灾对策

主灾害类型	分类	法律、法规、对策
地震	墙面 顶板 设备加固	地下商业街安全避难对策(2014) 地下商业街抗震调查(2010) 海啸灾害警戒区域内地下商业街避难对策(海啸篇)(2011)
水灾	河水泛滥对策(外洪) 暴雨对策(外洪) 特大暴雨内涝对策	《防洪法》等法律修改(水淹没区域地下商业街)(2013) 大阪市地下空间防水对策(2015) 《防洪法》等法律修改(水淹没区域地下商业街)(2015) 雨水利用推进法(2014) 地下商业街特大暴雨对策中的疏散系统研究(2011)
火灾	内部火灾 外部火灾	《消防法》修订,地下商业街、建筑面积达 1 000 m² 以上(2013) 地下商业街的基本方针(1974 年,建设省、消防厅通报)2001 年废除 《消防法》(1961 年) 消防法实施规则的部分修订(市区镇村诱导灯)2010 年开始执行 楼梯、斜坡路的应急灯 2012 年实行完全公共化
恐怖袭击	——	暴动等反恐政策
其他	水管破裂 人为失误	2015 年 6 月,东京新宿区早稻田水管破裂 2014 年 9 月,名古屋东山线名古屋车站浸水、污水接入失误 2015 年 7 月,横线涩谷车站雨水灌入、忘记关闭排水管道阀门 2015 年 2 月,札幌地下步行空间连接大楼火灾烟雾流入事故·忘记关门

表 4-3 东京地下空间防浸水对策

法律	2002 年:地下空间中的浸水对策准则(日本建筑防灾协会) 2014 年:推进雨水利用相关的法律	
东京做法	2007 年,制定"东京暴雨对策基本方针" 2008 年,制定"东京地下空间浸水对策方针" 2009 年,制定"东京雨水低流·渗透设施技术指南设施技术指南"	目的:行政、居民楼地下空间管理人士等脆弱的地下空间中,水淹没对策的相关计划和方针 对象:不特定多数人使用的地下商业街、地铁、大规模大厦等
指导和辅助计划	2009 年 6 月,东京针对"东京地下空间浸水对策方针"召开了说明会,各街道管理公司"浸水对策计划"要求的制订 2011 年 1 月,民协根据"浸水对策计划",八重洲地下商业街作为示范地区 2013 年 5 月,制订东京地下商业街等浸水对策相关的辅助计划	目的:浸水对策制订计划的协会或地下商业街需要管理人员,制订计划的部分费用补偿 补助金:委托费用的 1/3 以内(限额:200 万日元/件)

4.1.2 研究内容及技术路线

1. 研究内容

由于与超高层建筑群相连的地下空间人流密集,研究此类地下空间的运营安全指标体系成为安全运营保障的重中之重。

(1)地下空间运营安全评估方法及评估指标。目前,国内外使用的安全评估方法已有几十种,但由于各种方法出发点不同,解决问题的思路不同,适用对象不同,需甄别筛选适用于大规模地下空间公共安全风险评估的定性、定量方法。针对地下空间风险源分析,宜采用适宜的风险评估方法,分别建立针对不同灾种的评估目标,结合大空间的特点,提出关键性、适用性的评估指标,形成评估体系,便于管理方借鉴。

(2)地下空间运营安全评估指标体系及评估标准。城市地下公共空间运营过程中,面临着火灾、水灾、地震、空气污染等多个风险源,完整有效的防灾评估有利于地下空间的安全运营。基于地下空间风险源的分析,需建立疏散、防火、防洪、防震、防污等评估目标的城市地下空间运营的安全评估体系和评估标准,以初步用于对不同规模、类型的公共地下空间运营安全进行评价。

(3)地下空间人流量监测及数据分析。由于大规模地下空间自身的特点以及身在其中人群的主观行为表现与普通建筑内有明显差异,常见的灾害却能在发展过程和后果严重性上不同,故需根据地下空间的布局、业态、人流量以及地下空间总人数进行专项研究与分析。

(4)地下空间人员足迹仿真及试验研究。密集场所人群疏散问题直接关系到大规模地下空间的安全保障能力。为避免紧急状况下人员疏散不当造成的滞缓、踩踏等二次事故,可应用群集动力学理论,以实际人群密集场所为例,进行数值仿真和现场试验测试,寻求一定人流密度和疏散时间约束下的最佳疏散方式以及人流控制手段,形成以控制大规模公共地下空间人流为核心的风险足迹预控方法。

2. 技术路线

以某超高层建筑群大规模地下空间 B 片区为工程背景,针对该类复杂环境下,调研主要致灾风险源,进行灾害特性分析,提出地下空间运营过程中的主要灾害类型及影响因素;对常用的安全评价方法进行分类,筛选较为合适的评价方法用于城市地下空间运营安全评价;基于致灾因素分析,采用有效的安全评估方法,针对不同灾种的评价指标,建立相应的评价体系;同时,结合实际地下空间人员足迹监测、数据分析及疏散场景仿真模拟,最终建立了包括地下空间疏散、防火、防洪、防震、防污评估等的地下空间运营安全评估指标体系。对典型地下空间类型进行示例研究,为整体提高城市地下空间安全提供理论基础和评价依据。技术路线如图 4-2 所示。

疏散系统是各个防灾系统中必备的一部分,因此,需要专门提出并建立一项专门的评估指标——疏散评估。

地下空间运营防灾安全评价包括地下空间的疏散、防火、防洪、防震、防污(空气污染)

151

等,针对这些评估目标,提出关键性评估指标,建立地下空间运营的防灾安全评估体系。

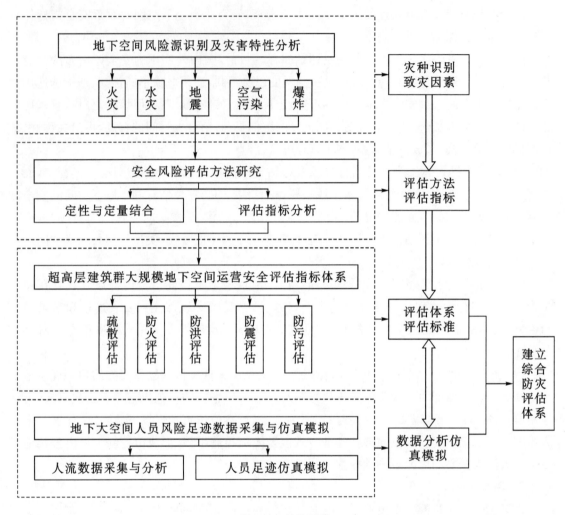

图 4-2 技术路线

4.2 评估方法

4.2.1 安全评估方法

目前国内外使用的安全评价方法已有几十种,但每种方法的出发点不同,解决问题的思路不同,适用对象不同,各有优缺点,在评估实践中,要根据不同方法的思路、特征、优缺点及适用范围对目前常用的安全评价方法进行分类,探讨评价方法研究的新进展及评价方法在应用中存在的问题,从中筛选出较为合适的评价方法。

可用来对城市地下空间评价的方法主要可以分为三大类：定性评价法、定量评价法和定性与定量相结合的综合评价法。定性评价法主要是根据以往的经验和专家知识来评价可行性,定量评价法则是通过对城市地下空间的相应数据进行比较来评价建设的可行性。为了保证评价的客观性和科学性,评价时应尽量采用定量分析的方法,但是在实际评价过程中有些指标难以量化,因此一般都多采用定性与定量相结合的评价法,常用的定性与定量相结合的综合评价方法主要有以下几种。

1. 德尔菲法

1964 年,美国兰德公司首次系统介绍了如何运用德尔菲法进行技术预测。德尔菲法的基本原理是：采用函询调查方式就评价的问题分别向有关领域的专家提问,而后将他们回答的意见综合、整理、归纳,匿名反馈给各个专家,再次征求意见,然后再加以综合、反馈。这样经过多次反复循环(一般为三轮),而后得到一个比较一致且可靠性较大的意见。

2. 模糊综合评价法

模糊数学诞生于 1965 年,由美国加利福尼亚大学自动控制专家查德(L. A. Zadeh)教授提出。模糊数学是研究和处理模糊现象的一门新兴数学分支,是用数学方法揭示模糊事物内部和模糊事物之间的数量关系。模糊综合评价法的基本原理利用了模糊集和隶属度等概念,应用模糊变换原理,采用定性与定量相结合的方法,从多个方面对事物隶属等级情况进行整体评价。

3. 神经网络评价法

Ruelhart 等科学家在 1986 年提出了误差反向传播(Error Back Propagation,EBP)权重调整算法。BP 神经网络方法本身具有非线性映射、自学习和联想记忆等特点,且能通过样本训练的方法获取各个指标之间的关系,不用人为直接确定权重,在利用专家知识的同时,又减少了评价过程中主观因素的影响。其基本原理如下：

BP 网络通常由输入层、若干隐含层和输出层组成,层与层之间采用全互联方式,同层单元之间无相互连接。BP 神经网络的学习过程由正向传播和反向传播两部分组成。在正向传播过程中,输入样本从输入层经隐含层处理并传向输出层,每一层神经元状态只影响下一层神经元状态。如果在输出层得不到期望的输出,则转入反向传播。此时,误差信号从输出层向输入层传播并沿途调整各层间连接权值以及各层神经元的偏置值,以使误差信号不断减小。经过反复迭代,当误差小于允许值,即网络适应了要求的映射时,网络的训练过程即告结束。

4. 层次分析法

层次分析法(Analytical Hierchy Process,AHP)是 20 世纪 70 年代由美国运筹学家 T. L. satty 教授提出的。AHP 法是一种定性与定量分析相结合的多目标决策分析方法,使复杂的系统整体分解清晰,把多目标、多准则的决策化为多层次、单目标的两两对比,然后只要进行简单的数学运算即可。其基本原理如下：

（1）把复杂问题分解成各个组成要素,按系统各因素间的隶属关系由高到低排成若干层次,建立不同层次间的相互关系,构造一个各元素之间相互联结的有序的递阶层次结构。

（2）根据层次结构,通过对一定客观现实的判断,就每一层次的相对重要性给予定量表示,运用数学方法,确定每一层中各元素之间的相对重要性。

（3）检验判断的逻辑一致性,综合这些判断,确定各元素的相对权重,通过排序结果对问题进行分析决策。

运用层次分析法,通过对城市地下空间安全内涵的深入理解,将城市地下空间系统分解成几个子系统,再对每一个子系统的特征进行分析,分解成具体的构成要素,这些构成要素可以通过具体指标来描述,建立递阶层次结构。

（1）目标层确立。指标体系的目标层是对评价对象总目标的综合描述和整体反映,以城市地下空间多灾种安全作为综合目标。为了让评分更加准确性,作者有意将总目标进行了细分,得到多个子目标,把研究对象相对总目标的贡献转化为研究对象相对于各目标的贡献。参照系更加具体,从而使评分更加准确。

（2）准则层确立。通过参考相关资料以及与专家共同探讨,笔者认为城市地下空间安全评价包括以下两个方面:灾害本身危险性和地下空间抗灾性能。这两个方面可以作为总目标的细分子目标,它们构成了层次结构模型的准则层。

（3）因素层的确立。实施城市地下空间安全评价活动是一项涉及面广、操作性很强的工作,摒弃了以往的单灾种灾害评价研究中的不足,旨在通过综合评价以实现城市地下空间灾害评价能力的全面提升。

（4）具体指标层的建立。指标层由具体的指标组成。

综上所述,层次分析法实现了指标定量分析和定性分析的结合,把问题看成系统可以解决目标结构复杂和缺乏数据的情况。

4.2.2 绿色建筑评估法

1. 建筑评估法

对绿色建筑的评价,是综合考虑建筑所在地域的气候、环境、资源、经济及文化等条件和特点,建筑物从规划设计到施工,再到运行使用及最终的拆除,构成一个全生命期。节能、节地、节水、节材和保护环境("四节一环保")是我国绿色建筑发展和评价的核心内容。

绿色建筑的评价分为设计评价和运行评价。设计评价应在建筑工程施工图设计文件审查通过后进行,运行评价应在建筑通过竣工验收并投入一年后使用。

绿色建筑评价指标体系由节地与室外环境、节能与能源利用、节水与水资源利用、节材与材料资源利用、室内环境质量、施工管理、运营管理 7 类指标组成。每类指标包括控制项和评分项、评价指标体系还统一设置加分项。控制项的评定结果为满足或不满足;评分项和加分项的评定结果为分值。绿色建筑按总得分确定等级。

评价指标体系七类指标的总分均为 100 分。七类指标各自的评分项得分 Q_1, Q_2, Q_3, Q_4, Q_5, Q_6, Q_7, 按参评建筑该类指标的评分项实际得分值除以适用于该建筑的评分项总分值再乘以 100 分计算。

加分项的附加得分 Q_8 按本标准第 11 章的有关规定确定。绿色建筑评价的总得分按下式进行计算,其中评价指标体系 7 类指标评分项的权重 $w_1 \sim w_2$ 按表 4-4 取值。

$$\sum Q = w_1 Q_1 + w_2 Q_2 + w_3 Q_3 + w_4 Q_4 + w_5 Q_5 + w_6 Q_6 + w_7 Q_7 + Q_8 \qquad (4\text{-}1)$$

表 4-4   绿色建筑各类评价指标的权重

项目		节地与室外环境 w_1	节能与能源利用 w_2	节水与水资源利用 w_3	节材与材料资源利用 w_4	室内环境质量 w_5	施工管理 w_6	运营管理 w_7
设计评价	居住建筑	0.21	0.24	0.20	0.17	0.18	—	—
	公共建筑	0.16	0.28	0.18	0.19	0.19	—	—
运行评价	居住建筑	0.17	0.19	0.16	0.14	0.14	0.10	0.10
	公共建筑	0.13	0.23	0.14	0.15	0.15	0.10	0.10

注:(1) 表中"—"标识施工管理和运营管理两类指标不参与设计评价。
     (2) 对于同时具有居住和公共功能的单体建筑,各类评价指标权重取为居住建筑和公共建筑所对应权重的平均值。

绿色建筑分为一星级、二星级、三星级 3 个等级。3 个等级的绿色建筑均应满足本标准所有控制项的要求,且每类指标的评分项得分不应小于 40 分。当绿色建筑总分分别达到 50 分、60 分、80 分时,绿色建筑等级分别为一星级、二星级、三星级。

运行评价是最终结果的评价,检验绿色建筑投入实际使用后是否真正达到了四节一环保的效果,应对全部指标进行评价。考虑到各类指标重要性方面的相对差异,计算总分时引入了权重。同时,为了鼓励绿色建筑技术和管理方面的提升与创新,计算总得分时还计入了加分项的附加得分。

运行评价的总得分为七类指标的评分项得分经加权计算后与加分项的附加得分之和。按总评价得分确定绿色建筑的等级。

控制项是绿色建筑的必要条件,对各类等级绿色建筑各类指标的最低达标程度进行了限制。在满足全部控制项和每类指标最低得分的前提下,绿色建筑按总得分确定等级。评价得分及最终评价结果可按表 4-5 记录。

表 4-5　绿色建筑评价得分与结果汇总表

评价指标		节地与室外环境 w_1	节能与能源利用 w_2	节水与水资源利用 w_3	节材与材料资源利用 w_4	室内环境质量 w_5	施工管理 w_6	运营管理 w_7
控制项	评定结果	□满足	□满足	□满足	□满足	□满足	□满足	□满足
	说明							
评分项	权重 w_i							
	适用总分							
	实际得分							
	得分 Q_i							
加分项	得分 Q_8							
	说明							
总得分 $\sum Q$								
绿色建筑等级			□一星级		□二星级		□三星级	
评价结果说明								

2. 评价指标的选取

评价指标是否具有科学性和正确性,最核心的影响因素是考虑各指标项的系统性,即能否系统地、全面考察(选择确定)被评价系统各种影响因素。

(1)评价指标体系的选取从两个角度考虑:一是基于安全原理的指标项选择思路;二是基于国家标准和安全规范的指标项选择思路。

(2)评价结构体系的确定:造成事故的原因主要有人的不安全行为、物的不安全状态、环境的不安全条件、管理上的缺陷共 4 方面内容。

与超高层建筑、地下空间安全有关的规范标准有:《建筑设计防火规范》《地下工程防水技术规范》《建筑抗震设计规范》《城市地下综合体设计规范》《绿色建筑室内环境监测技术标准》等。

依据安全原理和规范标准,将地下空间安全运营评价指标体系分为疏散、防火、防洪、防震和防污五大指标体系。

4.3　运营安全评估指标体系

4.3.1　疏散评估

疏散系统是各个防灾系统中必备的部分,因此,有必要专门提出并建立专门的指标。

根据风险源分析,地下空间的安全疏散评估的二级评价指标包括消防疏散、水灾疏散、地震疏散和空气污染疏散。地震疏散与空气污染疏散是特定情况下的疏散,这里不详细展开。

消防疏散主要包括:疏散照明系统、疏散楼梯间和疏散楼梯、应急导向标识系统。其中,疏散照明系统主要内容如下:

(1) 大型规模的地下空间及人员密集场所的消防疏散照明系统,宜采用集中电源-集中控制型或自带电源-集中控制型装置。

(2) 消防疏散照明的蓄电池组在点亮或非点亮状态下,都不得中断蓄电池的充电电源。

(3) 设置消防安全疏散指示时,应采用消防应急照明标志灯;非灯具类疏散指示标志可作为辅助标志。

(4) 地下空间中面积空间较大且人员密集的场所,宜在其疏散走道和主要疏散路线的地面上或靠近地面的墙上设置能保持视觉连续的导向光流型消防应急标志灯。

(5) 一般集中控制型的消防应急灯具系统可具有故障巡检、应急频闪、改变方向、导向光流等功能,能和 FAS 系统联动,调整疏散路径。在大型规模的地下空间及人员密集场所,由于地下场所复杂、人员密集、疏散难度大,故宜选择集中控制型消防应急灯系统,而普通疏散指示标志较难做到在该类场所中对人员的有效疏散和引导。

水灾疏散包括水灾应急照明系统、水灾诱导疏散系统。发生水灾时,水会从低处漫到高处,若采用消防疏散照明系统显然不合适,因为消防疏散照明系统为了避免烟雾弥漫让人看不清头顶的照明灯,因此应急灯设置在低处靠近地面的部分;发生水灾时,水漫过通道,靠近地面部分的应急照明很难起到引导作用,因此则需要设置在一定高度处。水灾诱导系统,则是需要根据制定的水灾应急响应预案,对疏散方向、步骤、行走路线进行组织引导,确保受灾人群进行快速、安全撤离。

4.3.2　防火评估

1. 建筑防火系统

(1) 建材防火等级。建筑材料、构件以及室内的可燃物是地下建筑火灾第一类危险源的主要来源,对建筑材料、构件及室内的可燃物进行合理控制和选择是对第一类危险源最好的控制方式。使用非燃材料是杜绝烟气的一个有效手段。在设计和装修时,尽可能使用非燃材料,非燃材料在火灾发生时产生的烟气较少,可以明显降低烟气的产生量。

地下或半地下建筑(室)和一类高层建筑的耐火等级不应低于一级。建筑结构的耐火等级如表 4-6 所示。

(2) 防火建筑布局。地下大空间平面位置是指选址及与周围的建筑物合理布局,避免相互影响。在总平面布局中,应合理确定建筑的位置、防火间距、消防车道和消防水源等,不宜将建筑布置在甲、乙类厂(库)房,甲、乙、丙类液体,可燃气体储罐和可燃材料堆场的附近。地下综合体的出入口与其他建筑的防火间距,应满足《建筑设计防火规范》的规定(表 4-7)。

表 4-6 建筑结构的耐火等级

构件名称		耐火等级			
		一级	二级	三级	四级
墙	防护墙	不燃性 3.00	不燃性 3.00	不燃性 3.00	不燃性 3.00
	承重墙	不燃性 3.00	不燃性 2.50	不燃性 2.00	难燃性 0.50
	非承重外墙	不燃性 1.00	不燃性 1.00	不燃性 0.50	可燃性
	楼梯间、前室,电梯井,住宅建筑单元之间	不燃性 2.00	不燃性 2.00	不燃性 1.50	难燃性 0.50
	疏散走道两侧的隔墙	不燃性 1.00	不燃性 1.00	不燃性 0.50	难燃性 0.25
	房间隔墙	不燃性 0.75	不燃性 0.50	难燃性 0.50	难燃性 0.25
柱		不燃性 3.00	不燃性 2.50	不燃性 2.00	难燃性 0.50
梁		不燃性 2.00	不燃性 1.50	不燃性 1.00	难燃性 0.50
楼板		不燃性 1.50	不燃性 1.00	不燃性 0.50	可燃性
屋顶承重构件		不燃性 1.50	不燃性 1.00	可燃性 0.50	可燃性
疏散楼梯		不燃性 1.50	不燃性 1.00	不燃性 0.50	可燃性
吊顶(包括吊顶隔棚)		不燃性 0.25	难燃性 0.25	难燃性 0.15	可燃性

如果防火分区过密,造价势必要增加,同时造成实际使用空间也有一定的困难。因此,综合考虑把若干店铺划分在一个防火分区内,该防火分区最大允许面积为 2 000 m²。除了要在水平方向防止火势外,还应设置竖向防火分区,防止火势在竖向蔓延的可能性。

表 4-7 地下建筑防火间距

项别	单、多层民用建筑			高层民用建筑		备注
耐火等级	一、二	三	四	一、二		
				主体	附房	
民用地下建筑防火间距/m	6	7	9	13	6	当相邻地面建筑外墙为防火墙且无门窗时,防火间距不限

2. 消防系统

1)报警系统

火灾自动报警系统是火灾探测报警和消防设备联动控制系统的简称。依据主动防火对策,以被检测的各类建(构)筑物为警戒对象。通过自动化手段实现早期火灾探测、火灾自动报警和消防设备连锁联动控制。火灾自动报警系统包括火灾探测器、火灾报警控制器、减灭装置和灭火装置。

质量可靠及设计、安装和维护正确是保证火灾自动报警系统正常运行的 4 个关键环节。改进和提高产品质量,加强消防监督管理,建立约束机制,提高各环节人员的业务素质是解决上述问题的有效途径。系统安装、调试与验收应符合《火灾自动报警系统施工及验收规范》规定。系统的使用和维护是一个长期过程,使用单位应由经过专门培训的人员负责系统的管理操作和维护,应保存好必要的系统文件资料,建立系统技术档案、运行操作规程,实施岗位责任制,坚持做好系统的定期检查(日检、季检和年检)和试验。

硬件故障、系统失误和管理缺陷是导致火灾自动报警系统失效(误报、漏报)的初始原因;提高火灾自动报警系统的可靠性应从系统设计、软硬件产品质量、选型与安装及维护保养等方面同时采取措施。

由触发器件、火灾报警设备、火灾警报设备和具有辅助功能的装置一起组成了火灾自动报警系统。在火灾初期,它能够将火灾燃烧产生的烟气、热能和光辐射等物理量,通过感温、感烟和感光等火灾探测器转变成电信号,通过总线传输到火灾自动报警控制器中,同时显示出火灾发生的位置,记录火灾发生的时间等相关内容。在系统设计时,火灾自动报警系统和自动喷淋系统、消火栓系统、防排烟系统、通风空调系统、防火卷帘等相关设备发生联动,根据实际情况,相关设备以自动或者手动的方式被启动。

2) 喷淋系统

鉴于大空间建筑的特殊性,其消防给水及喷淋设施必须具备探测灵敏度高、系统响应时间短、扑灭初期火灾迅速、适用的空间高度范围广等特点。传统的普通闭式自动喷水灭火系统由于在高大净空场所下灵敏度低,灭火效果差,无法满足大空间建筑对消防给水系统的要求。

3) 消防水炮系统

平时火灾探测器按照预先设定的程序进行空间扫描探测,一旦发现火情,火灾探测器立即给信息处理主机发出报警信息,根据火灾探测与处理系统对火源图像的分析结果,迅速判断出火源点的空间坐标,驱动消防水炮指向火源点,并自动打开消防水泵和电磁阀,对火源点实施喷水灭火直至火焰熄灭、报警信号消除为止。

在各个高度区间的大空间建筑消防给水系统的选择中,以安全、经济、运行管理简单三个大方面作为优选准则。通过问卷调查分析,并对不同的消防给水系统目标层的权重进行优化和计算,适合 8～12 m 大空间建筑的消防给水系统的较优方案为大空间高空水炮系统,适合 12～25 m 大空间建筑的消防给水系统的较优方案为喷射型射流系统,适合 25 m 以上的大空间建筑的消防给水系统的较优方案为自动消防水炮系统。

3. 防火评估

建筑性能化防火评估目标即根据建筑火灾承担方(包括业主、设计单位、物业管理部门、保险公司和相关职能部门等)对火灾损失接受程度指定防火预期效果。在建立性能化防火评估目标时,需将定性防火要求转化为定量的具体目标,性能标准如下。

（1）人员安全疏散性能标准。人员安全疏散性能标准的原则是安全疏散所需时间（RSET）要小于可用安全疏散时间（ASET），从而保证被困人员安全撤离，避免人员伤亡。可用安全疏散时间（ASET）是从火灾发生到对人员产生生命威胁的火灾持续时间，其需考虑建筑火灾特性，并根据建筑内部达到威胁人员生命安全的烟气层高度限值、辐射热限值、火灾空气限值、烟气毒性限值和能见度限值所需持续时间综合确定。

在进行烟气模拟时需输入 FDS 模型的参数有空间环境温度、可燃物分布情况、灭火措施布置、火灾烟气性质、计算精度以及预设的火灾情景输入等。通过 FDS 模拟计算，可选取适当的火灾性能参数作为确定依据，如火场温度、能见度和 CO 浓度等。通过这些参数限值，得到参数限值的最小时间即为可用安全疏散时间。

（2）火灾蔓延性能标准。进行防火设计时需控制火势迅速蔓延，确定火灾蔓延性能标准时需考虑建筑内可燃物分布情况和可燃物被引燃难易程度。火灾蔓延性能指标主要通过限制火灾发生后的辐射热通量，辐射热通量数值不宜超过周边分布可燃物单位面积被引燃所需的辐射热通量，从而保证火势不迅速蔓延。研究发现对大空间建筑可取辐射热通量限值为 10 kW/m^2。

（3）钢结构安全性能标准。钢材防火性能差，在火灾的高温条件下，会发生性能劣化，导致结构承载力下降，可能失稳破坏。钢结构安全性能标准限定火灾后温度不能超过钢结构失稳的临界温度值，确定临界温度值需综合考虑钢材的结构形式、耐热性能和受力情况。确定建筑性能防火评估标准后可按相应性能标准进行性能化防火设计。

4. 消防管理

管理风险是指管理运作过程中因信息不对称、管理不善、判断失误等影响管理的水平，导致发生事故或造成损失。按照系统安全理论，管理风险可归为第二类危险源，火灾和消防设计相关的管理风险，主要表现在如下几个方面：

（1）项目不确定风险。工程设计中经济评价所采用的数据大部分来自预测和估算，具有一定程度的不确定性，估计项目可能承担的风险，应对项目进行不确定性分析与经济风险分析，提出风险预警、预报和相应的对策，为投资者决策提供参考意见。影响项目实现预期经济目标的风险因素来自法律法规及政策、市场供需、资源开发与利用、技术可靠性、工程方案、融资方案、组织管理、环境与社会、外部配套条件等几个方面。

消防设计中的不确定性风险包括消防设施设备的可靠性、施工过程的误操作风险、灾害风险等。此类风险一般难以预测和评估，应从加强应急预案和日常管理来控制风险，或通过保险等方式转移风险。不确定性导致的管理风险的另外一个表现是消防安全的投入与安全效益的风险。由于不确定风险，可能导致消防投入不足而降低安全等级，也可能导致消防投入过度而未明显提高安全水平。

（2）人员失误风险。每个特定的事件（事故）都是由人、事、物和环境基本因素构成的。基本因素中人是主导因素，起主导作用，故人为失误的控制，是预防事故、保证安全的关键。人为失误分为极限失误、设计失误、操作失误、记忆与注意失误、过程失误。

减小人员失误风险的措施包括人员安全化、作业标准化和作业环境安全化。

（3）设备故障风险。设备故障风险是消防安全管理中的重要方面，关系到火灾时消防系统是否真正起到预期的作用。对于设备故障风险及其可接受准则，可以通过事故树分析得出，但不同的建筑、场景下的事故树不同，其最小割集和最小径集也不同，因此，难以确定一个统一的判定指标，需要对具体案例进行具体量化分析，确定故障风险、顶上事件发生概率以及可接受的标准。

根据防火评估因素分析，评估项二级指标包括建筑防火系统、消防系统、防火评估和消防管理。

4.3.3 防洪评估

4.3.3.1 防洪评估因素分析

地下工程防洪对策，就是利用地下工程的防灾设施以及已有的防灾疏散路线和应急预案，在洪涝灾害发生时保障人员和建筑的安全，同时不影响建筑的日常使用。地下工程在总体规划时，在条件允许的情况下，应考虑与地面建筑的相互关系。合理设置救灾、逃生通道的同时要保证地下工程的正常使用以及管道内排水通畅。

工程措施和非工程措施，如表4-8所示。

表4-8　地下空间防洪排水措施及建议

	措施或建议
工程措施	合理设计地下空间出入口； 在地下空间内部设置好排水措施（排水泵、集水井）； 采取防漏防渗措施：采取防水龙头或双层墙结构等措施，在地下空间重要设施外布置防汛板（闸板）； 增强地下空间结构的自防水能力； 在结构变形缝、施工缝、后浇带和预留接口处等注意采取适当防水措施处理
非工程措施	制定和完善地下空间的防洪标准； 绘制洪水风险图、水灾时居民避难的地图，包括洪水发生时预测的危险区域（浸水区域）、危险程度（浸水深）、逃生区域和逃生路线等避难信息； 加强对地下空间的洪水监控，及时进行预报和报警并制定抢险预案； 将地下空间开发利用作为城市可持续发展的一个有机整体对待，将地下空间的排水防洪纳入城市排水系统
建议	（1）建立和完善地下管网系统； （2）统一地面建筑和地下空间排水防洪系统，实现排水一体化； （3）适量增大地下管道直径，增强排水能力； （4）在地下空间的建设过程中，因地制宜，注意采取合理措施； （5）加大对已有地下空间的改造，增强其排水和防洪能力； （6）加大对地下空间排水防洪功能的研究，提高其应用水平

在对多层地下交通枢纽的多灾种危险源辨识的研究中,分析了地下多层交通枢纽的水灾风险问题,提出了其安全设计要素,如表4-9所示。

表4-9 地下多层综合交通枢纽的水灾危险性分析

防水设计	设计单元	作用和意义
被动防护	口部防淹措施 内部防渗措施 疏散通道 防水物资储备	防止地下建筑口部进水 防止建筑内部渗水 疏散的宽度、距离等,使人员能快速疏散 临时防水挡板、手电、步话机等
主动防护	防淹门系统 诱导系统 排水系统 水位监视系统 通信设备	控制水灾发生的区域 具有集中控制功能的人员疏散引导系统 包括光、声音等多种形式 及时发现险情 信息沟通,有助于实时了解灾害情况

影响地下空间防汛能力的因素分为外部因素和内部因素,外部因素主要包括气象灾害条件、地形和地势及下垫面、水情、城市排水系统等对地下空间防汛的影响;内部因素包括地下空间自身挡水能力、自身排水能力和自身防水能力。

1. 地下空间排水系统分类

(1)生活污废水。生活污废水常用排水系统有:污水池收集、潜污泵提升排水系统;密闭水箱收集、排污泵提升排水系统;真空设备排水系统[12]。

(2)出入口雨水。通常采用集水坑收集储存、潜污泵提升排放系统。所有地下建筑出入口雨水排除均使用该系统。

(3)围护结构渗水。通常在外墙内侧与建筑装饰墙之间设置暗沟,汇集墙面渗水,再通过重力流管道或沟渠系统,将水输送至集水坑储存,由潜污泵提升排放。

(4)消防废水。通常采用集水坑收集储存、潜污泵提升排放系统。所有设置室内水消防系统的建筑物均有此系统。

(5)餐饮油污水。室内设隔油处理与提升一体化设施,处理达标并排放;室外设隔油池,处理达标并排放。

(6)汽车库含油废水。由地下建筑内带隔油沉砂功能的集水坑收集、潜污泵提升排放。集水坑收集、潜污泵提升排放,室外设隔油沉砂池。

2. 地下空间排水规划设计

根据地下空间排水类型及特点,需按照系统设计原则,对地下空间排水进行规划设计:

(1)生活污废水。就近收集,尽快排除。

(2)出入口雨水。确定经济、安全、合乎规范的设计标准;设置完备、合理、有效的汇水、收水、排水、集水、提升体系;迅速排除设计重现期内的暴雨,防止雨水灌入,对地下空间造成危害。

（3）围护结构渗水。采取周全的导水措施、快速排除结构渗水，防止渗水侵入建筑装饰地面及墙面，破坏结构安全、影响观感。

（4）消防废水。每一防火分区设置独立的排水系统。

（5）餐饮油污水。就近收集，缩短滞留时间，尽快排放。

（6）汽车库含油废水。与消防废水排水设施合并设置。

4.3.3.2 评估指标

根据防洪评估因素分析，评估项二级指标包括出入口形式、地下空间自防水、地面与地下一体化排水系统。

1. 出入口形式

（1）出入口形式。地下空间出入口一般可以分为敞开式、封闭式和隐藏式三种类型，如图 4-3 所示。敞开式出入口的结构比较简单、造价较低，但几乎完全暴露在外界路面上，因此受暴雨洪灾的影响相对较大；封闭式出入口上方有挡雨棚，其暴露在外的部分比敞开式出入口小，雨水不会直接落入出入口，因此减小了地下入口处的排水压力，受暴雨洪灾的影响相对减小；隐藏式的出入口设在通道的尽头，且通道的路面向马路倾斜，雨水进入地下站厅的可能性相对减小，因此隐藏式出入口在三种入口形式中的安全性最高。在设计地铁出入口时，可考虑当地的降水特点，合理地选择最经济安全的形式。

图 4-3 地下空间出入口形式

（2）出入口的标高。地下车站出入口的地面标高应高出室外地面，并应满足当地防洪要求。地下空间的出入口的位置应选择地势较高的地方，地面标高宜高于当地最高洪水位，且一般要高出室外地面 15～45 cm。当此高程达不到当地的防淹高度时，应在出入口处设置防淹门槽，用于临时插入防水挡板，或在地下空间与出入口交接处设置防汛墙，使用时将存放于墙体支架上的板卸下，按榫头楔合成一体，横亘于通道内，从而在一定程度上将洪水阻隔在地下空间之外。

2. 地下空间自防水

地下空间防水能力包括各出入口、排风口等积水漫溢的防御能力和结构自身防止地下水渗透的能力。《地铁设计规范》《地下工程防水技术规范》《城市轨道交通技术规范》等规范

163

均对地下空间出入口及排风口做了相关规定,一般要求出入口地面高于该处室外地坪300～500 mm,并要求满足当地区域的防洪和最高积水深度的要求。因此地下空间出入口与周边地坪之间的关系并不是一个简单的特征值,应根据区域的历史暴雨资料、防洪要求以及地下空间所在位置的地形、地势和积水情况分析确定。特别是位于河道邻近的地下空间,应考虑洪水位决堤的防汛灾害影响。对于结构自身防止地下水渗入的要求,规范中也做了相应的规定。

在结构变形缝、施工缝、后浇带和预留接口等处注意采取适当的防水措施,并注意施工处理,防止水渗入。重要地区设置防淹门,并安装遥控装置,在发生事故时可通过无线操控自动启闭。

防水的关键是要采取多道设防,并采用柔性材料以保证其与基层牢固黏结,并有一定抵抗变形的能力,同时还应考虑在各构造层间设置隔离措施,以防相互影响。目前各国的防水形式分为:水密型,即采取各种办法,从围岩、结构或附加防水层入手,使地下水无法进入地下空间内部;泄水型,即将地下水导入地下空间的排水系统;混合型,即水密型和泄水型相互结合。具体选择哪种形式,应根据工程实际来考虑,尽可能地防止水渗入地下空间。

若地下大空间防水问题处理不好,地下水渗漏到建筑物内部,将会带来一系列问题:影响人员的正常工作和生活,使内部装修和设备加快锈蚀,严重时会使建筑物丧失使用功能。若长期使用机械排除内部渗漏水,不但需要耗费大量经费和能源,而且还可能引起地面建筑不均匀沉降和破坏等。

地下建筑防水的空间范围包括结构底板垫层以上至地表水平面以上 500 mm 以内的主体结构、围护结构以及变形缝、施工缝、桩头、穿墙管道、窗井等各细部。在进行防水工程设计时,除了给出防水系统的构造层之外,重要的是应给出各个细部节点的防水处理措施(表4-10)。

表 4-10　地下建筑工程防水等级及其适用范围

防水等级	防水标准	适用范围
一级	不允许渗水,结构表面无湿渍	人员长期停留的场所;若有少量湿渍会使物品变质,严重影响设备正常运转和危机工程安全运营的部位;极重要的战备工程、地铁车站
二级	不允许漏水,结构表面可有少量湿渍:总湿渍面积不应大于总防水面积(包括顶板、墙面、地面)的千分之一;任意 100 m² 防水面积上的湿渍不超过 2 处;单个湿渍的最大面积不大于 0.1 m²	人员经常活动的场所;在有少量湿渍的情况下不会使物品变质、贮物场所失效以及基本不影响设备正常运转和工程安全运营的部位;重要的战备工程

工程中最常见的以一、二级设防为主。防水等级是防水工程设计前根据建筑物的设计

使用功能、重要性、投资等因素确定的。等级越高,要求达到的可靠性越高,相应的防水措施也越多。

3. 地面与地下一体化排水系统

西方发达国家建立了城市排水(小排水系统)、城市内涝防治(大排水系统)和城市防洪三套工程体系。针对内涝防治,需要大排水系统和小排水系统共同作用。

小排水系统,即管道排水系统,它是城市建设的灰色基础设施,一般应对城市中的大概率小降雨事件;大排水系统,主要是为了应对小概率的极端暴雨天气,产生了超过城市管网设计重现期的径流,如果没有完善大排水系统,城市容易产生内涝问题。

防治城市内涝的关键是各个层级的防洪排涝系统相互联系,统筹管理,依赖海绵城市的建设目标,统筹建立城市内演防治的控制系统,建立自然积存、渗透、净化的良性水文循环。

地下空间内涝防治,属于城市内涝防治的一部分,除城市大小排水系统外,还需采取地面地下一体化的排水系统。地面排水需加设入口防洪闸,地下排水系统需加设排水泵,蓄水箱涵等设施,以及时排除地下空间的洪水,保证地下空间的安全。

(1) 入口防洪闸

我国现行《地铁设计规范》(GB 50157—2013)与车出入口防洪有关的规定为地下车站出入口的地面标高应高出室外地面,并应满足当地防洪要求。对该条文的说明为:地铁车站出入口的地面标高一般应高出该处室外地面 300~450 mm,当此高程未满足当地防淹高度时,应加设防淹闸槽,槽高可根据当地最高积水水位确定。对于地下大空间的出入口,可在出入口附近设置落水槽,对地下的洪水进行分流,从而减缓水流的入侵速度(图 4-4)。

图 4-4 地下空间出入口防洪闸

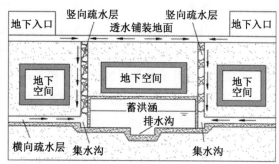

图 4-5 地下蓄洪涵

(2) 地下排水系统

不论是洪涝灾害发生时入侵的洪水,还是平时地下空间运作时的线路渗漏水、冲洗水以及消防水等都会流向地下空间最深处,因而在此处应设置排水泵站、集水井或蓄水箱涵,从而及时排水。同时应在地下空间设置机械排水系统,用于排出地下空间中无法自流的污水,当排水口低于最高洪水位时亦可通过机械方式将水排出,还应设置防洪闸门并采取其他的防止倒灌的措施;采用自流方法排入城市污水管道空间内部的生活污水,应在排出管上设止回阀阀门。

常规的蓄洪涵形式如图 4-5 所示,可以用于暴雨时的蓄水和旱季时为排水供水。竖向疏水层可以导向水流,使暴雨洪流在到达地下空间入口之前就转向流入地下,直接进入蓄洪涵,而涌入地下空间的部分洪水可通过排水沟也能及时排入蓄洪涵,最终使城市地面的洪水殊途同归,进入地下空间下方的蓄洪涵,减轻对地下空间的直接影响,等到暴雨过后,蓄洪涵中的水可以排出,用于道路清洁或者市郊农田灌溉。

从可持续发展的角度来看,如果能在深层地下空间内建成大规模地下贮水系统,则不但可将地面上的洪水导入地下,有效地减轻地面洪水压力,而且还可将这些多余的水贮存起来,减缓城市在丰水期洪涝频繁而在枯水期缺水的矛盾。例如,日本的埼玉县建成了深 50 m,长 180 m,宽 78 m 并用 59 根巨大的水泥柱支撑的地下放水路,在台风、集中降雨时东京地下的排水系统紧急启动,利用这个巨大的地下空间把流量巨大的洪水储存起来,然后排向流域宽广的江户川。因为地下放水路的调节机能,原来东京脆弱的城市排水系统变得无比坚强。

4.3.4 防震评估

4.3.4.1 评估因素分析

地震灾害风险的大小与许多因素有关,归纳起来可以整理为五个方面:地震强度、场地条件、建筑密度、建筑物的抗震能力、防灾救灾环境等(包括"硬"环境与涉及预报、管理、心理、行为方式等方面的"软"环境)。

1. 地震强度

地震强度属于灾害本身的一个影响因素,是难以控制和预测的。即使在科技如此发展的今天,地震中长期预测预报至今还是一个世界级难题,要想准确指导某城市未来地震发生时间、震级大小等几乎是不可能的。地震区划分(含地震强度)是目前评估城市范围内可能遭遇的地震动强度及其特点的划分,除考虑潜在震源情况、传播路径的因素外,还根据场地地质活动构造与地貌条件给出场地地震影响场的分布。

2. 场地条件与震波传播介质与场地条件

场地条件与震波传播介质与场地条件(地层、地下水、地形、构造等)有关。地基土的材料性能对地面下层结构的抗震能力有着关键的影响。结构抗震的建筑设计时,应对地基土性能进行评估。

3. 建筑物的抗震能力

建筑物的抗震能力主要从建筑自身的抗震能力评估出发,主要考虑因素有:逃生通道的抗震设计;水、电管道的敷设;防震隔震措施;结构埋深,埋深对抗震性能具有重要影响;楼板厚度。保证建筑结构自身具有一定的刚度,进而保证结构在遇到地震情况后的形变不大。

4. 建筑密度

城市地震灾害损失与用地类型关系密切。一般来说,房屋建筑密度、人口密度大的地方人口伤亡较多。对于像包头这样的工业城市,工矿企业的直接经济损失也相当大。人口易损性是根据用地类型的人口密度和建筑情况来定级的,经济易损性则是根据用地类型的破坏特征和资产情况来定级的。

5. 防灾救灾环境

(1)"硬"环境:减灾知识、减灾心理、灾害心理,紧急防灾救灾预案与管理。

(2)"软"环境:涉及预报、管理、心理、行为方式等方面。应急救援管理、地震工况模拟、地震风险评估结果、地震预报水平、次生灾害危险源的分布状态与防护程度、生命线工程与其他生活、生产、救灾支持系统的状况。

4.3.4.2　评估指标

根据防震评估因素分析,评估项二级指标主要包括结构安全储备、逃生通道抗震设计。

1. 结构安全储备

(1)关键部位加固。例如,阪神地震中神户市地铁破坏的线路主要是神户高速铁路的东西线和神户市营山手线,在这两条地铁线上共有约 20 座地铁车站,其中有 5 座车站遭到明显破坏。这些地铁车站大都位于地震设防烈度为 7 度(相当于我国设防烈度的 10 度)的地区,其中破坏最严重的是东西线的大开地铁站,该站建成于 1964 年,原结构设计没有明确考虑抗震要求。

地震中地下结构的破坏特征主要有:

① 车站里的混凝土中柱损坏最严重,中柱一般沿纵向长度缩短,混凝土保护层开裂,纵向钢筋压弯外凸,箍筋接头脱离,甚至部分混凝土中柱完全丧失承载能力(图 4-6)。

② 车站的侧墙部位混凝土表面出现龟裂裂缝,严重的地方表层混凝土脱落,可以看见内部钢筋。

图 4-6　地下空间中柱的破坏

③ 箱形结构刚度突变的部位震害现象比较集中,例如贯穿顶板的垂直裂缝,混凝土保护层开裂脱落,钢筋外漏。

④ 对于多层箱形结构的地铁车站结构,顶层构件发生的震害形式普遍多于底层构件,并且其损坏程度也相当严重。

地下结构的震害调查表明:在遭受震害的地下结构构件中,混凝土中柱和箱形结构刚度发生突变部位发生破坏的震害最严重,损坏程度相对突出,故有理由认为混凝土中柱和结构刚度发生突变部位是地下结构的薄弱环节,在大型地下结构抗震设计重要水、电管线敷设中应充分重视。地下空间与地面建筑的区别是,地下空间更应追求体型简单,纵向、横向外形平顺,剖面形状、构件组成和尺寸不沿纵向经常变化,使其抗震能力提高,在地下大空间结构布置时应注意以下几个方面的内容:

① 宜有多道抗震防线,对可能出现的薄弱部位,应采取措施提高其抗震能力。

② 应力求简单、对称、规则、平顺;横剖面的形状和构造不宜沿纵向突变,具有合理的刚度和承载力分布,避免因局部削弱或突变形成薄弱部位,产生过大的应力集中或塑性变形集中。

③ 结构体系应具有明确的计算简图和合理的地震作用传递途径。

④ 结构体系应避免因部分结构或构件破坏而导致整个结构丧失抗震能力或对重力荷载的承载能力。

(2) 水、电管线的敷设。考虑到地震可能造成水管破裂引发地下空间积水,因此地下空间用电管线不应通过容易发生积水的部位,避免发生漏电时人员过水触电。

(3) 结构体系承载力评估。对于地下结构地震风险的定性评估,可以利用风险指标法构造相应的风险矩阵来评价,亦称风险矩阵评价法。该法于 1999 年由 Richards 提出,一些学者曾用风险矩阵法对地铁营运、货物采购等方面进行相关的风险评估。风险矩阵的数学表达式为:

$$R = P \cdot C \qquad (4-2)$$

式中　R——风险等级矩阵;

　　　P——风险发生概率范围,亦称风险概率矩阵;

　　　C——风险发生的频率和影响程度,亦称后果严重度矩阵。

风险矩阵评价法的思路是:将风险事件发生的概率和影响程度分别划分为多个级别,分别作为矩阵的行和列形成风险矩阵,然后按照风险在矩阵中的位置做出该风险可以接受、可接受但需监管、不希望发生、不可接受立即消除等评估结论。首先对风险后果进行严重程度的划分:可忽略的(即可接受的)、较轻的、严重的、灾难性的,结合风险发生概率,通过风险评估矩阵进行风险评级,并按照"小震不坏,中震可修,大震不倒"的准则,确定风险的可接受程度以及是否需要采取降低风险的措施。

地震是随机发生的,在一定年限内,地震发生的次数、时间、地点及强烈程度都是随机的。因此,地下结构场址在一定时期内遭受地震作用的可能性计算成为结构抗震能力评估分析的一个重要内容。通过对若干地区的地震烈度分析,可假定 50 年设计基准期内场址最大地震烈度的概率分布服从极值Ⅲ型分布:

$$P(I) = \exp\left[-\left(\frac{12-I}{12-X}\right)^k\right] \tag{4-3}$$

式中　$P(I)$——最大地震烈度 I 的地震概率;

　　　X——众值烈度(多遇地震烈度);

　　　k——形状参数。

在强地震作用下,地下结构会有不同程度的破坏,从开裂、屈服直至倒塌,但是由于地震动的随机性和结构性质(材料性质、几何参数)的不确定性,选择什么样的反应量以正确反映地震动引起的结构破坏十分关键。结构的地震破坏不是用单一的强度或变形指数所能完全描述的,需利用地震工程学的研究成果,考虑地震输入的特点和结构抗震破坏机理,建立结构地震破坏的评估准则和破坏模型。

构件的破坏状态取决于结构的地震反应是否超过其容许值。R_y 和 Δ_y 为弹性极限压力和位移,$R_{\max}$ 和 $\Delta_{\max}$ 为极限压力和极限容许位移,R_y 和 Δ_y 对应弹性极限抗力,R_1 和 Δ_1 对应于初始屈服极限抗力,R_2 和 Δ_2 对应于混凝土剥落极限抗力,$R_{\max}$ 和 $\Delta_{\max}$ 对应于破坏极限抗力,二者都可成为反应容许值 R。对于给定的结构,其在地震作用下的反应为 S,构件的破坏状态是由 S 和 R 的关系决定的。

表 4-11—表 4-14 分别阐述了利用风险矩阵进行评价的方法。由式(4-3)对场地的地震烈度进行分析,得出的发生概率代入表 4-12;由弹塑性动力时程分析得出构件与结构的破坏情况分别代入表 4-11、表 4-13 中;综合风险发生概率、构件破坏准则与风险后果分析后代入表 4-14 中可得出结构的风险隐患等级。

<table>
<tr><td colspan="2">表 4-11　构件破坏准则</td></tr>
<tr><th>破坏参数</th><th>破坏状态</th></tr>
<tr><td>$R_y < S \leqslant R_1$</td><td>轻微破坏</td></tr>
<tr><td>$R_1 < S \leqslant R_2$</td><td>中等破坏</td></tr>
<tr><td>$R_2 < S \leqslant R_{\max}$</td><td>严重破坏</td></tr>
<tr><td>$S > R_{\max}$</td><td>完全破坏</td></tr>
</table>

<table>
<tr><td colspan="2">表 4-12　风险发生概率</td></tr>
<tr><th>风险概率范围</th><th>解释或说明</th></tr>
<tr><td>$0 < x < 10^{-6}$</td><td>不可能发生</td></tr>
<tr><td>$10^{-6} < x < 10^{-3}$</td><td>难得发生</td></tr>
<tr><td>$10^{-3} < x < 10^{-2}$</td><td>偶尔发生</td></tr>
<tr><td>$10^{-2} < x < 10^{-1}$</td><td>可能发生</td></tr>
<tr><td>$10^{-1} < x < 1$</td><td>频繁发生</td></tr>
</table>

表 4-13　风险严重程度

级别	定义	后果描述	相应措施
G₁	次要结构产生轻微破坏	忽略	可不采取控制措施
G₂	次要结构产生破坏	较轻	可适当采取措施
G₃	主要结构产生破坏	严重	必须采取措施
G₄	主要结构严重破坏，结构毁坏	灾难	必须尽快排除

表 4-14　震害风险评估矩阵

灾害分类及概率	(1)可忽略	(2)较轻	(3)严重	(4)灾难
(A)不可能发生	1A	2A	3A	4A
(B)难得发生	1B	2B	3B	4B
(C)偶尔发生	1C	2C	3C	4C
(D)可能发生	1D	2D	3D	4D
(E)频繁发生	1E	2E	3E	4E

风险隐患划分为 G1，G2，G3，G4 共 4 个等级。G1(1A,1B,1C)风险可以接受,不需采取特别措施;G2(1D,1E,2A,2B,3A,4A)风险在可忍受的范围内,但需要进一步观察,若具备足够的成本效益可以采取适当降低风险的措施;G3(2C,2D,3B,3C,4B)必须采取可行的降低风险的措施;G4(2E,3D,3E,4C,4D,E4)必须立刻消除风险。

2. 逃生通道抗震设计

由于地下空间固有的封闭性特点,使得它与地面的联系较少,对新鲜空气的获取只能依赖于通风系统和有限的几个孔口(如出入口、通风口等),所以地下空间的有效使用需要地面辅助设施的有力支撑,在出入口堵塞、人员无法逃到地面的情况下,通风系统的正常运转也成了地下空间人员能否生存的关键。因此,如果地震导致出入口、通风口堵塞,冷却塔倒塌,则地下空间内的人员也将无法生存。

逃生通道抗震设计包括安全出口、楼梯、疏散通道等重要逃生通道,其抗震构造和抗震承载力必须满足要求,在满足安全疏散设计的同时,确保其地震后的安全性,是人员成功逃生的关键。孔口是地下工程与地面联系的关键,关系到地下工程作用的发挥,其抗震设计十分重要,基本要求为:

(1)应保证至少有一个出入口是直通室外的,而且出入口应位于倒塌范围以外(即距离建筑物 $0.5H$, H 为建筑物高度),不能满足距离要求的,必须要设置防倒塌棚架。

(2)应在室外单独设置通风口,并采取防倒塌、防堵塞措施,为满足这一要求,最常用的是采用通风竖井方式,通风竖井的位置一般在建筑主体轮廓线以外,并与工程主体和外围墙体紧密联系。

4.3.5 防污评估

4.3.5.1 防污评估因素分析

1. 地下建筑空气污染因素

地下建筑空气污染主要来自三方面：

（1）放射性污染及有害气体。地下建筑气体污染主要包括各种氡及其子体等放射性污染，挥发性有机物、甲醛、二氧化碳等有害气体污染。地下建筑空气中的氡主要来自岩石、土壤、地下水、建筑材料和室外空气等。地下建筑空间的挥发性有机物主要来自各种建筑材料、装饰材料、家具、有机涂料、油漆等。

（2）微生物污染。地下建筑空间微生物主要因湿度大，温度适宜，通风不畅所致。

（3）固体颗粒物的污染。地下建筑空间内部空气中固体颗粒物来源视环境不同而产生差异。一般地下空间空气中颗粒物来源主要是空调、通风系统气流组织不合理，人员携带和行走扬起的尘土等。对于普通地下空间，首先应保持空间内的环境卫生，减少室内烟雾的产生，加强通风，对室外送入空气进行过滤及通风空调系统合理的气流组织等。

2. 生化及放射性恐怖袭击

我国城市地下建筑现有的防护思想和防护通风措施并不能满足防生化及放射性恐怖袭击的要求。

生化及放射性恐怖袭击给地下建筑环境安全带来的问题涉及建筑规划与设计、通风空调系统设计、过滤与净化技术、消毒技术、生化检测、个人防护、人员疏散、应急避难、安全防范与运行管理措施等诸多方面。综合分析，地下建筑应对恐怖袭击的对策可归纳为三个方面：

（1）安全防范：评估建筑物遭受恐怖袭击的风险，并有相应的对策来控制风险。

（2）应急处置：细化风险对策，并建立相应的对策库，通过成本分析以及对策建筑物风险和弱点的影响程度可以从对策库中优选出可实施的方案。

（3）事后恢复：将这些对策在建筑物中进行具体实施，并对实施效果进行定期检查和评价。

4.3.5.2 评估指标

根据地下空间防污评估因素分析，评估项二级指标主要包括通风设备、建筑材料、空气监测设备、空气净化设备。通风设备应保证空调和通风系统的正确设计和严格管理，包括过滤与通风空调系统以及防水防潮措施。建筑材料应选择辐射安全标准的建筑材料，减少有害气体的释放。空气监测系统应采用生化检测确定污染物浓度，建立预警系统。空气净化系统应采取一定的净化设施和消毒设施确保地下空间空气质量达标。

4.4　二级评估指标体系

基于地下空间风险源的灾害类型及特点分析,本章对地下空间疏散、防火、防洪、防震、防污等评估目标的影响因素进行了分析,提出了二级评估关键指标,初步建立了二级评估指标体系如表 4-15 所示。

表 4-15　地下空间风险评估二级评价指标体系

项目	一级指标	二级指标
地下空间风险评估	疏散	消防疏散 水灾疏散 地震疏散 空气污染疏散
	防火	建筑防火系统 消防系统 防火评估 消防管理
地下空间风险评估	防洪	出入口形式 地下空间自防水 地面与地下一体化排水系统
	防震	结构安全储备 逃生通道设计
	防污	通风设备 建筑材料 空气监测设备 空气净化设备

参考文献

［1］Raymond L. Sterling.国际地下空间开发利用研究现状[J].城乡建设,2018(专刊)：28-39.

［2］王峤.高密度环境下的城市中心区防灾规划研究[D].天津：天津大学,2013：9-15.

［3］李英民,王贵珍,刘立平,等.城市地下空间多灾种安全综合评价[J].河海大学学报(自然科学版),2011,39(3)：285-289.

［4］钱七虎.城市交通拥堵、空气污染以及雨洪内涝的治本之策[J].科技导报,2015,33(12)：1-2.

［5］钱七虎.城市可持续发展与地下空间开发利用[J].地下空间,1998,18(2)：69-75.

［6］徐生钰,朱宪辰.中国城市地下空间立法现状研究[J].中国土地科学,2012,26(9)：54-59.

［7］乔英娟.Review on the legal system of unban underground space in China[R]. ITASC2017, 225-234.

［8］中华人民共和国住房和城乡建设部.绿色建筑评价标准：GB/T 50378—2019[S].北京：中国建筑工业出版社,2019.

［9］上海市工程建设规范.地下空间环境照明标准：DG/TJ 08-2279—2018[S].上海：上海市住房和城乡

建设管理委员会,2018.

[10] 伍家骏.火灾自动报警系统设计[D].大连:大连海事大学,2012:2-30.

[11] 董芳芳.性能化防火评估技术在大空间建筑的应用研究[J].建筑技术,2017,48(2):215-217.

[12] 张东见.城市地下空间排水系统设计要点分析[J].建筑结构,2013,43(S2):208-213.

[13] 袁源.基于城市内涝防治的海绵城市建设研究[D].北京:北京林业大学,2016:45-50.

[14] 中华人民共和国住房和城乡建设部.地铁设计规范:GB 50157—2013[J].北京:中国建筑工业出版社,2013.

第 5 章

超高层建筑群大规模地下空间
空气质量健康安全保障技术

5.1 地下空间空气质量安全的风险源及关键污染物分布研究

我国现今还没有针对地下生活空间空气环境状况监测或验收的规范,考虑到本次监测地点是地下生活空间,主要为商业民用建筑且具有人防作用,故监测方法及监测点布置参照《人防工程平时使用环境卫生要求》(GB/T 17216—2012)、《民用建筑工程室内环境污染控制标准》(GB 50325—2020)及《医药工业洁净室(区)浮游菌的测试方法》(GB/T 16293—2010)。

设备具体介绍如表 5-1 所示。

表 5-1 设备具体介绍

种类	TVOC	微生物	二氧化碳及氨	温湿度	气体采集	甲醛	臭氧及甲醛
评价指标	读数	微生物菌落	读数	读数	3 L 大气采样袋收集	读数	读数
仪器名称	PGM-7360 RAE3000	FKC-1 型浮游空气采样器	手持式六合一气体检测仪(PV606)	电气 GSP-6 记录仪	QC-1S 大气采样仪	手持式甲醛检测仪(美国)	手持式五合一气体检测仪(PV605)
图示							

5.1.1 监测点布置

调研地点为某购物中心 B1 层商场、车库、机房，根据前期调研结果及前期调研情况，每个区职能不同，人流量也不同，现将购物中心 B1 层按光照情况分为七个区域监测，如图 5-1 所示。

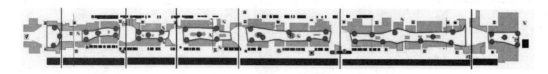

图 5-1 地下空间监测点布置

对于各区域，总体上各监测点将按对角线、斜线或梅花状布点，同时由于不同的商铺对公共空间有不同的影响，对于特殊店面（如饭店）、景点（如喷泉），其对公共空间环境有较大影响的，在其与公共空间连接处设置监测点，总检测点数综合表 5-1 和上述标准设置。监测点个数的选择参考如表 5-2 所示，当监测的室内空间内设置了两个及以上的监测点时，各监测点按对角线、斜线或梅花状布点。

表 5-2 室内环境污染物浓度检测点数设置

房间使用面积/m²	检测点数/个	房间使用面积/m²	检测点数/个
<50	1	≥500，<1 000	不少于 5
≥50，<100	2	≥1 000，<3 000	不少于 6
≥100，<500	不少于 3	≥3 000	不少于 9

(1) 气体监测要求：取高于地面 150 cm 处，与人呼吸带高度一致，测定空气中总挥发性有机化合物（Total Volatile Organic Compounds，TVOC）、二氧化碳、氨等相关数据，并选取特定点收集气体。

(2) 气体监测时间：选时间段监测，在一天内的 8∶30—20∶00 分时间段进行监测（具体时间见附录表格）。

(3) 微生物布点：地下商场分为五个区。地铁 7 号线、8 号线耀华路出口与五区入口相近。结合人流数量、实地面积和试验人员数量的实际情况，将试验分别布点在五个区的 B 层和 G 层，每区设点数量不一。B 层：五区到一区，分别设置取样点数量为 2,4,4,3,1;G 层：0,2,3,1,1。地下车库每个区情况相差不远，仅选取 4 个点作为参考。

(4) 微生物监测要求：取离墙面不小于 50 cm 处，高于地面 150 cm 处，与人呼吸带高度一致。测定空气菌落总数以撞击法撞击营养琼脂平板。撞击器流量为 100 L/min，时间为 0.5 min，所有采样点的空气流量均为 50 L。

收集原理如图 5-2 所示。

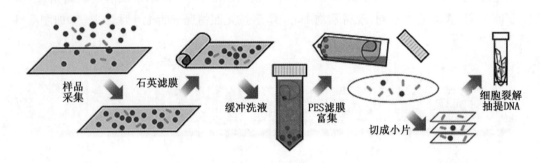

图 5-2　收集原理示意图

（5）微生物监测时间：监测 3 天，在每天的 10：00—13：00，16：00—8：00 进行两次采样。

（6）微生物样本个数

在同一时间段获得的样本数为 21 个，一天共 42 个样本，3 天共 126 个样本。

（7）微生物扩培及计数方法

① 制作培养基。按说明要求称量，将营养琼脂与纯净水混合，搅拌均匀后分装在锥形瓶中，置于高压灭菌锅中以 121℃ 灭菌 15 min。洁净工作台紫外光灭菌 15 min 以上，将灭菌完成的营养琼脂取出晾至 50℃ 左右，在洁净工作台上倒平板。待培养基凝固后，放置 4℃ 冰箱内保存。

② 培养皿保存。保温箱用酒精消毒后，将培养基和提前冰好的瓶装水一同放入保温箱。

③ 菌落计数。采用撞击固体培养基方法进行试验，菌落计数公式如下：

$$C = 1\,000N/(Q_s \cdot t) \tag{5-1}$$

式中　C——单位体积菌落总数，cfu/m³；

　　　N——平皿菌落数；

　　　Q_s——撞击器采样空气流量，L/min；

　　　t——撞击采样时间。

（8）微生物分离鉴别方法

① 制作液体培养基。按说明要求称量，将 LB 肉汤与纯净水混合，搅拌均匀后分装在锥形瓶中，置于高压灭菌锅中以 121° 灭菌 15 min，然后放置至室温备用。

② 接种可疑菌落：

a. 洁净工作台先开紫外灯杀菌 15 min 以上。以下在洁净工作台中操作，点酒精灯。左手持液体培养基靠近火焰，拔出棉花塞后，用外焰轻微灼烧锥形瓶口（切勿烧过烫）。

b. 左手握住前期在世博轴空气中收集的微生物(营养琼脂平板)右手持接种环,用火先将环端烧红来灭菌,然后将有可能伸入试管的其余部位也过火灭菌,然后让其充分冷却。用接种环取可疑菌落部分,将接种环置于液体培养基中晃动,使菌落溶于培养基中。

c. 接种完毕后抽出接种环灼烧管口,塞上棉塞。

d. 将接种环烧红灭菌。放下接种环,再将棉花塞旋紧。

③ 菌落液体培养。将接种后的液体培养基置于数显恒温培养箱中(37℃),培养 24~48 h。

④ 平板划线分离:

a. 预先做好营养琼脂平板,将液体培养的菌落中已成为浑浊状的菌液接种在营养琼脂平板中培养。在酒精灯上灼烧接种环,待冷却,取一接种菌液。

b. 左手握琼脂平板稍抬起皿盖,同时靠近火焰周围,右手持接种环伸入皿内,在平板上一个区域作"之"形划线,划线时与接种环与平板表面成 30°~40°角度轻轻接触,以腕力在表面作轻快的滑动,勿使平板表面划破或嵌进增基内。

c. 灼烧接种环,以杀灭接种环上尚残余的菌液,待冷却后,再将接种环伸入皿内,在第一区域划过线的地方稍接触一下后,转动 90°,在第二区域继续划线。

d. 划毕后再灼烧接种杯,冷却后用同样方法在其他区域划线。

e. 整个培养皿倒置放入恒温箱培养(37℃)。经过 24~48 h 培养后取出观察。注意菌落的变化、大小、颜色、边缘、表面结构、透明度等性状。

⑤ 扫描电镜观察纯化和培养样本中的可疑菌落:

a. 将钛薄膜剪成 0.5 cm×0.5 cm 大小,用酒精清洗,晾干备用。

b. 用一次性滴管吸取能浸满钛薄膜的菌液,使菌落附着在钛薄膜上(有些菌落肉眼可见形态,则省略扫描电镜观察)。

c. 待钛薄膜表面干燥,肉眼可见有菌落附着后,将其浸泡在戊二醛中 5 min。

d. 分别将上一步骤的钛薄膜浸泡在 10%,20%,30%,40%,50%,60%,70%,80%,90%的酒精中各 5 min。

e. 干燥后放置在一次性培养皿中,待扫描观察。

(9) 可疑微生物鉴别方法:将收集好的滤膜修建并卷成筒状,用生物缓冲洗液进行冲洗,冲洗完毕用 PES 滤膜进行细菌二次过滤,将过滤好细菌的滤膜裁剪成小片,进行细菌的 DNA 提取。微生物的测序鉴定工作由专业生物有限公司完成,具体采用聚合酶链式反应 (PCR)对可疑菌落进行高通量测序鉴定。

本次调研历时两轮,共 192 h,采样检测数据 2 649 个,从数据中提取结果并做出统计。

从现场调研情况来看,不同地点不同时间的人流量、污染物浓度、污染物种类各不相同,且数据量大,故将现场检测数据以"均值"连线的方式给出各污染物浓度与各监测区域随时间变化图,以"均值±误差"的形式给出各污染物浓度与各监测区域误差条形图(图 5-3—图 5-7)。

5.1.2 地下空间空气污染特征分析

5.1.2.1 地下商场

1. 二氧化碳

图 5-3 结果显示地下商场二氧化碳的含量在中国标准线及中国香港卓越标准线附近徘徊,在极个别人流高峰期及人群聚集地有超标现象。根据现场调研情况,二氧化碳浓度与人流量成正相关,且在商场与车库接口处有上升的趋势。

二氧化碳在室内的主要来源是代谢和燃烧。如图 5-3 所示,在人流量大的地点、人流量大的时刻,二氧化碳含量有上升的趋势,故人体代谢是二氧化碳的主要来源;同时,在该综合体地下商场部分有饭店,根据现场调研,在饭店较多的区域二氧化碳的含量也有所上升,故燃烧也是二氧化碳的来源之一。据观察,地下车库与地下商场平行,且在车库与商场连接处二氧化碳含量有微弱上升,故从车库流入的二氧化碳也是商场二氧化碳的来源之一,但并不是主要来源。

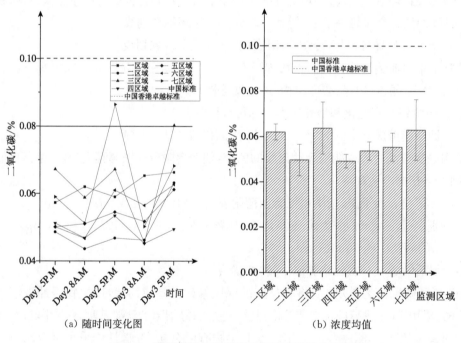

(a) 随时间变化图　　　　　　　(b) 浓度均值

图 5-3　地下商场各区域的二氧化碳浓度分布图

2. 甲醛

甲醛是 TVOC 的主要代表,其与人流量成正相关。图 5-4 结果显示人流量较小时接近第三区域完全超标(主要来源于商场内部装修及商品释放);人流量较大时,除第二区域,其他区域最大值均超中国国家标准;但对比美国 ASHRAE 标准,部分区域甲醛最低浓度超标;对比中国香港卓越标准,则近乎全面超标。

从现场调研情况及图 5-4 结果可以看出,地下商业线第三区域超标严重,因为第三区域装修较多、贩卖的商品也多含甲醛。故该地下商场甲醛主要来源于建筑材料、绝缘材料、燃烧排放及各种消费品。

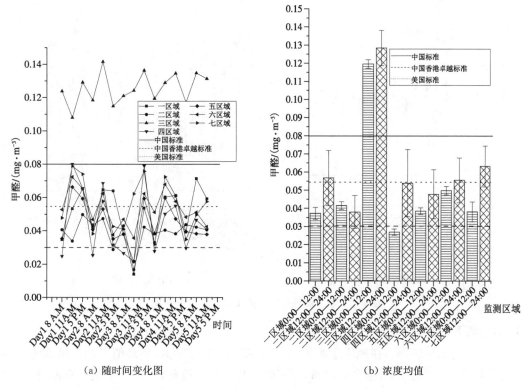

（a）随时间变化图　　　　　　　　　　（b）浓度均值

图 5-4　地下商场各区域的甲醛浓度分布图

3. TVOC

TVOC 即总挥发性有机化合物,针对此污染物国内外标准单位均为 mg/m^3,但 TVOC 的测量值多数采用 ppb 表示测量结果,现有国家相关标准并没有对 TVOC 单位之间的转换系数做出明确规定,本文选取湖北省环境监测中心站针对室内 TVOC 单位转换所计算的换算系数 3.61,进行 TVOC 单位换算,公式为

$$ppb \times 换算系数 / 1\,000 = mg/m^3$$

通过上述公式换算各国家、地区 TVOC 标准。

由图 5-5 可知,TVOC 浓度与人流量正相关,在未开放的晨间数值普遍较低但仍超标,人流较大的午间及晚间 TVOC(max)、TVOC(AVG)超标 2～6 倍。

TVOC 大多数是从材料中释放出来的,包括苯、甲苯、对二甲苯、间二甲苯、邻二甲苯、乙苯,等等,无论合成的还是天然的有机化合物的排放物都是在室温下以气体的形式从材料和产品中释放而出。其来源包括办公家具、油漆、填料、木制品、地毯和打印机等。

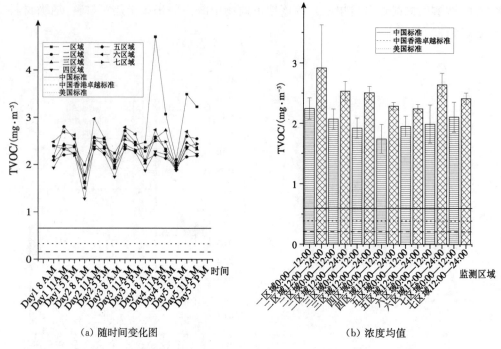

（a）随时间变化图　　　　　　　　（b）浓度均值

图 5-5　地下商场各区域的 TVOC 浓度分布图

5.1.2.2　地下车库

图 5-6 的结果表明：在地下车库里，二氧化碳、甲醛、TVOC 最高值、均值、最低值均超标，部分超标 5 倍以上。根据实地调研，车库内未装有处理设备，且由于是地下车库，建筑设计不通风是导致污染物积累的主要原因之一。

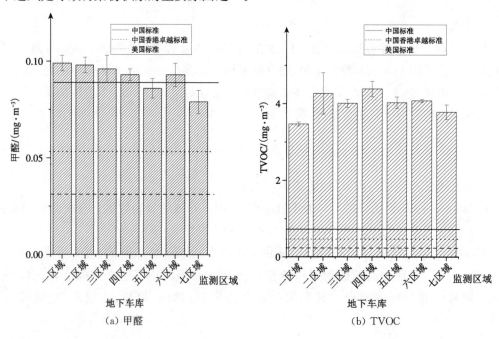

（a）甲醛　　　　　　　　　　　（b）TVOC

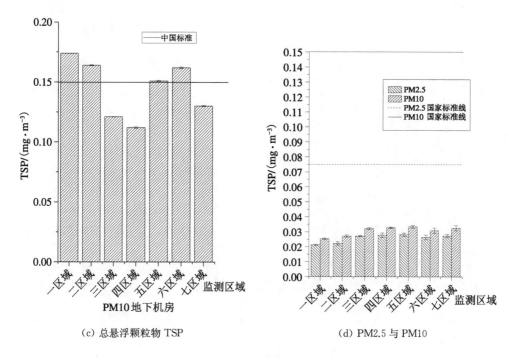

（c）总悬浮颗粒物 TSP　　　　　　　（d）PM2.5 与 PM10

图 5-6　地下车库各区域的污染物浓度分布图

汽车尾气通常含有大量有害成分,除二氧化碳、甲醛、TVOC 之外,还有一氧化碳、氮氧化物、硫氧化物、烟尘微粒等。这些有毒气体对人体有很大伤害,尤其是对于中枢神经和心血管系统。从地下车库现场调研情况来看,虽然有一定的排风换气设备,但从实际情况来看,并没有达到理想的处理效率,且地下车库的污染源主要还是汽车废气,仅安装通风设备无法从根源上解决污染问题,故而换气设备治标不治本且易造成二次污染,所以安装污染物处理设备是解决问题的重要手段,也是必然手段。

5.1.2.3　地下机房、泵房

地下商场的地下机房、泵房是该商业综合体工作人员的工作地点。在此设置监测点,对相关地下生活空间空气状况进行监测,并为改善类似相关工作人员的工作环境进行前期调研。

从图 5-7 来看,在机房、泵房内部 TVOC、甲醛的含量均严重超标,甚至超出相关国家标准 10 倍以上,机房周围的员工走廊含量也是严重超标,工作环境非常恶劣。同时从建筑构造来看,机房、泵房与商业线相连,还会造成交叉污染。

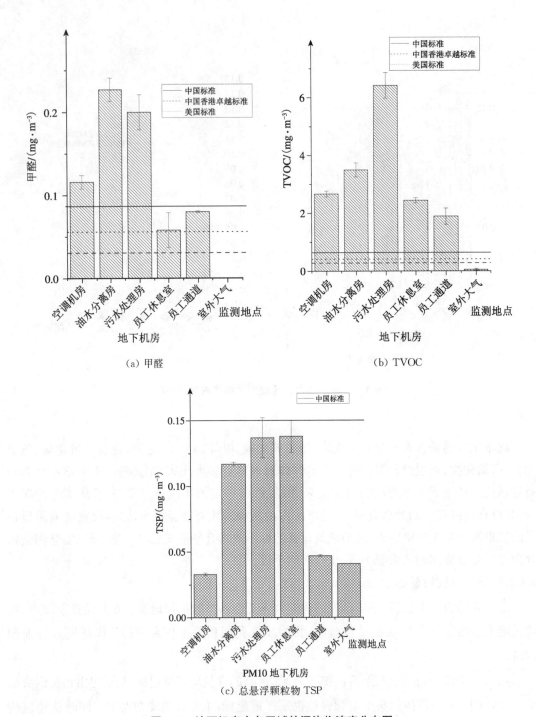

（a）甲醛

（b）TVOC

（c）总悬浮颗粒物 TSP

图 5-7　地下机房内各区域的污染物浓度分布图

1. 微生物污染特点

我国针对室内微生物含量标准为 2 500 cfu/m³,从本次监测所得数据来看(表 5-3),仅有部分点存在超标的情况,但对比美国 ASHRAE 标准,则存在部分区域位于标准附近,且一部分存在超标的情况;对比中国香港卓越标准来看则大部分超标,一些地点在人流较大时刻超出 2 倍以上。

表 5-3　总菌落数统计表

菌落数 /(cfu·m⁻³)		第一次采样 2017.6.30 5:00 pm	第二次采样 2017.7.1 10:30 am	第三次采样 2017.7.1 4:30 pm	第四次采样 2017.7.2 9:50 am	第五次采样 2017.7.2 4:30 pm	平均值
五区 B 层	迪卡侬	720	760	1 000	240	1 000	744
	卫生间	320	100	480	260	440	320
四区 B 层	D. K. Space	420	480	540	260	1 080	556
	寿司店	300	80	320	200	440	268
	休息区	220	360	520	180	740	404
	出口处	280	840	500	260	680	512
四区 G 层	楼梯口处	140	440	700	160	960	480
	电梯口处	200	440	480	160	560	368
三区 B 层	华为手机处	280	600	600	300	820	520
	水池旁	100	200	900	540	920	532
	Bread Talk	740	600	420	780	760	660
	THULE	460	120	120	240	320	252
三区 G 层	翠华餐厅	100	240	260	640	560	360
	极限生活	140	240	160	400	300	248
	必胜客	280	220	300	520	440	352
二区 B 层	进口处	320	540	580	420	920	556
	卫生间出口	280	360	440	340	700	424
	Jack Wolfskin	180	280	340	180	440	284
二区 G 层	电影院门口	160	180	20	120	520	200
一区 B 层	掌柜的店	480	640	940	220	580	572
一区 G 层	旺池川荣	340	140	120	240	140	196

对比不同地点的微生物含量可以发现,在迪卡侬、D.K.Space、进口处以及掌柜的店等地点的微生物含量要明显高于其他地方,而卫生间等微生物容易滋生的地点反而较低,造成这种现象的原因是迪卡侬、D.K.Space、掌柜的店的商业价值较大,造成了人流量较多,微生物含量较高。而卫生间等地由于常有物业人员进行清理,使得这些地方的微生物含量能保持在一个较低的水平。

有研究表明,室外空气和居住人群是室内环境空气微生物的主要来源,并且室内空气微生物的变化与居住者的数量、行为活动等因素有关。从试验结果来看,地下空间的微生物含量在下午 4 点左右可以达到峰值,在上午 10 点左右微生物含量较小,这两个具有代表性的时间段的微生物含量差异可以看出,人的行为活动对于地下空间的微生物含量影响较大。在人流量较大的区域有上升趋势,且人流量变大时微生物或生物性物质的浓度成倍增加,因此其对商场工作人员及游客有很大威胁。此外,造成这种现象的原因可能还有微生物或生物性物质通常附着在颗粒物上,因此与颗粒物的浓度也有一定相关性。

2. 分离纯化培养结果

样本细菌微生物经过分离纯化后的结果如图 5-8、表 5-4 所示。微生物经过培养后呈菌落多样性。

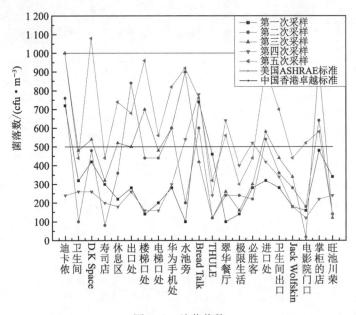

图 5-8 总菌落数

表 5-4 可疑菌落的形貌

序号	菌落肉眼观察描述
1	光滑白色菌落
2	光滑黄色菌落
3	光滑橙色菌落
4	白色、四周树枝状(类似枯草杆菌)
5	小的霉菌
6	大的霉菌
7	大、圆、白偏黄色,中间呈均匀龟裂状

（续表）

序号	菌落肉眼观察描述
8	大、圆、白偏黄色，中间呈放射状
9	大、白偏黄色，边缘圆润弧度
10	白偏黄，中间部分湿润
11	花纹状、树枝状，中间有菌丝
12	深黄色，干燥，难挑起
13	大、白色霉菌，带有黑点
14	白色霉菌，中间呈黄色
15	花纹状，枝末带有圆点状
16	白色，中间环状
17	深黄色，中间有黑点
18	四周白，中间黑，霉菌
19	光滑粉色菌
20	霉菌，有碎渣

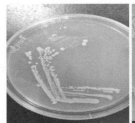 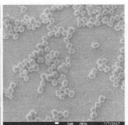

可疑菌落 1#

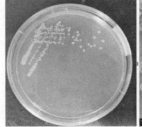 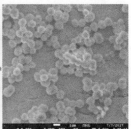

可疑菌落 2#

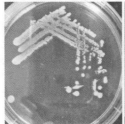 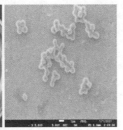

可疑菌落 3#

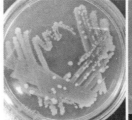 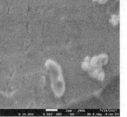

可疑菌落 4#

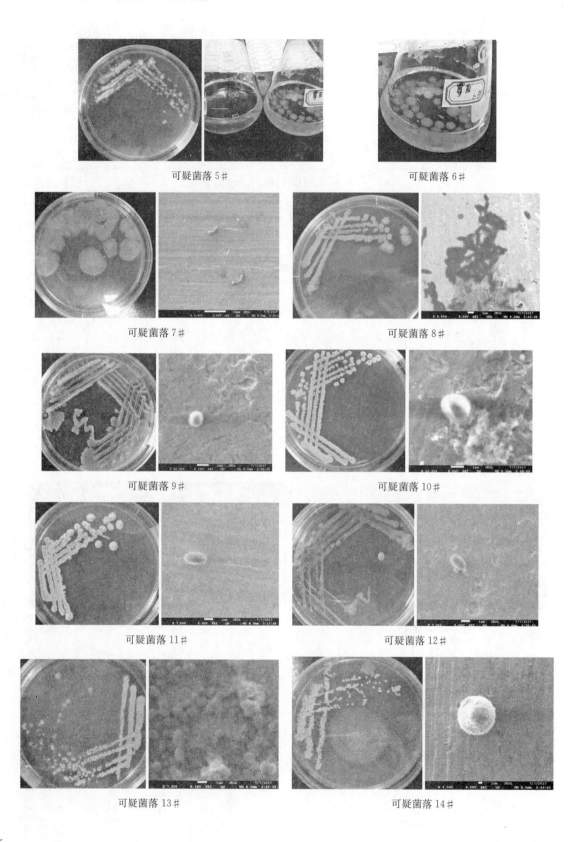

可疑菌落 5#   可疑菌落 6#

可疑菌落 7#   可疑菌落 8#

可疑菌落 9#   可疑菌落 10#

可疑菌落 11#   可疑菌落 12#

可疑菌落 13#   可疑菌落 14#

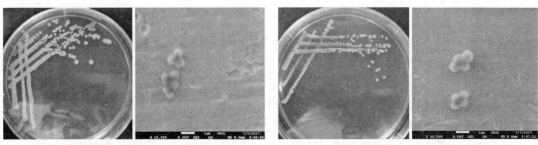
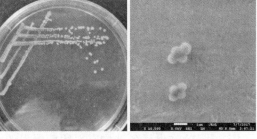

可疑菌落 15♯ 　　　　　　　　　　可疑菌落 16♯

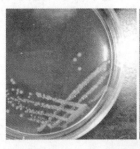

可疑菌落 17♯ 　　　　　　　　　　可疑菌落 18♯

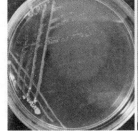
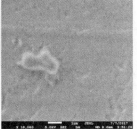
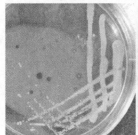
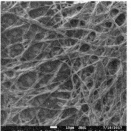

可疑菌落 19♯ 　　　　　　　　　　可疑菌落 20♯

图 5-9　纯化分离培养后的菌落 SEM 图

纯化培养的菌 1♯—4♯分别是光滑的白色、黄色、橙色菌落以及白色、四周树枝状(类似枯草杆菌)菌落,扫描电镜下的菌落是球状的;5♯和 6♯在平板上分别是长得小的和大的霉菌;7♯和 8♯都是圆形状、白偏黄色,唯一不同的是,7♯菌落中间呈均匀龟裂状,而 8♯中间呈放射状,SEM 图片中二者都是杆状的菌落;9♯白偏黄色,边缘圆润有弧度;10♯白偏黄色,中间部分湿润;11♯是花纹状、树枝状,中间有菌丝的菌落;12♯菌落深黄色而且干燥难挑起,扫描电镜下所见都是球状的菌落;13♯是尺寸大的白色霉菌,中间带有黑点;14♯是白色霉菌,中间呈黄色,SEM 下都是球状的;15♯是花纹状,枝末带有圆点状菌,16♯菌是白色,中间环状,19♯是光滑粉色菌,三者扫描电镜下所观察到的都是球状的菌;17♯是看起来是深黄色的,中间有黑点,SEM 下所见是杆状菌;18♯是四周白、中间黑的霉菌,直接在液体培养基中培养,长成一个大的霉菌;20♯看起来是霉菌,有碎渣,SEM图片下观察发现很多丝状聚集在一起,应该是操作时将霉菌的菌丝涂在了钛薄膜上。

3. 微生物种类鉴定

(1) 种类分析。一般室内空气微生物或生物性物质包括病毒、细菌、藻类、阿米巴虫、花粉等。最常见的是细菌,其中致病性细菌包括:大肠杆菌、沙门氏菌、志贺氏菌、假单胞杆菌、军团菌及结核菌等。军团菌主要存于冷暖空调系统中,通过空调扩散到空气中,查阅相关资料可知,在世界各地均有军团菌爆发的案例,故当军团菌浓度达到一定规模时极易引起大规模感染;结核杆菌一般由人呼吸道排出,并可以在外界环境中生存一定的时间,地下商场在夏季温暖时会开启空调系统,多有市民来乘凉,人交叉呼吸增加感染率。

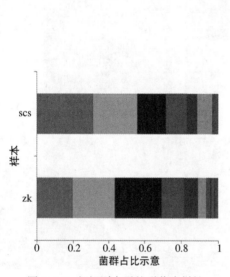

图 5-10　纲级别水平的群落多样性

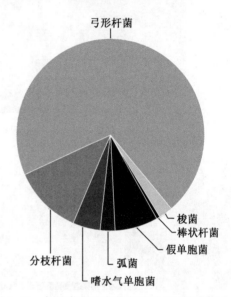

图 5-11　各种潜在致病菌占总潜在致病菌百分比

试验共收集了两个样本,分析结果如图5-10所示。在纲级别来说,蓝色、绿色、紫色部分占比最多,它们分别是放线菌纲、α-变形杆菌纲和黄杆菌纲(图5-11)。

从表5-5细菌菌落组成分析中可看出,地下空间细菌属较多,地下空间微生物环境是较为复杂的,占比较大的菌属包括海洋放线菌、蓝细菌等菌属。

表 5-5　细菌菌落组成

菌属	所占百分比	菌属	所占百分比
海洋放线菌	18.78%	红细菌	1.37%
蓝细菌	7.99%	赤杆菌	1.18%
酸微菌	5.55%	蟑螂杆状体	1.17%
微球菌	2.88%	其他	58.83%
黄细菌	2.25%		

（2）潜在病菌列举。收集的两个样本中总共有 44 227 个序列,经与前人所做工作对潜在病菌研究得出的列表对比可见,潜在致病菌仅占 0.843 376%。由表 5-6 可知,其中一些菌属所包含的菌种具有致病性,可见地下空间空气环境是较为复杂的。

表 5-6　样本中的潜在致病菌

潜在致病菌名称	占总序列数比例	可能引起的疾病
嗜水气单胞菌	0.040 699%	败血病、肠胃炎
分枝杆菌	0.099 487%	麻风(汉森氏病)、肺结核
弓形杆菌	0.603 704%	腹痛、腹泻
梭菌	0.020 350%	肉毒中毒、假膜性结肠炎、气性坏疽、急性食物中毒、厌氧蜂窝织炎、破伤风
棒状杆菌	0.004 522%	白喉
假单胞菌	0.063 31%	假单胞菌感染
弧菌	0.020 350%	霍乱

从试验结果可以得知,某园区地下空间内的微生物的种类繁多,且这些细菌中有病原体,在地下相对密闭的空间里和人流量大的情况下,这些病原体引起的败血病、肠胃炎、麻风(汉森氏病)、肺结核、腹痛、腹泻等疾病的概率将会大大增加。

因此,如何控制地下空间内的微生物浓度将会是保证地下空间空气质量安全的一项不可或缺的措施。只有在源头上控制了微生物的含量,才能使地下空间成为宜行、宜留、宜居的环境。

5.2　超大地下空间高效空气污染控制光电催化新工艺关键技术研究

2017 年春,某个污水泵房发生气体爆炸。根据现场调研情况,爆炸所在机房空间狭小,通风系统效率低下且没有针对空气的处理装置。

由于该机房已停用,故而根据相似机房监测情况分析而得,机房的污染气体多为 VOC、甲醛、氨,且机房内部潮湿、下水道废水多为饭店有机废水,故而为微生物的大量繁殖提供了条件。微生物产生大量氨及甲烷,由于通风不佳、空间狭小,甲烷浓度达到爆炸浓度极限,由于其他不可抗因素或工作人员操作失误导致明火带入机房,进而发生了爆炸。

依据以上分析,机房内安装高效空气处理设备,可以最大程度降低爆炸发生的可能性。

园区内该类泵房总计 89 个,未来潜在风险较大,急需制定空气处理方案并采取强制措施进行空气净化。

5.2.1 以甲苯等为模型污染物的 TVOC 舱室模拟净化试验

4 种有害气体分别的净化试验效果,如图 5-12 所示。

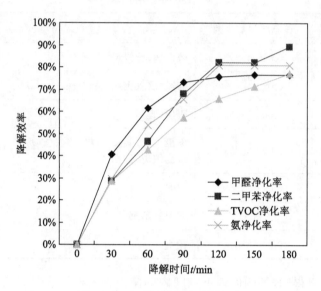

图 5-12 各个污染物的净化效果

以上 4 种微量有害空气污染物在经过 3 小时的降解后,降解效率基本都达到了 80% 及以上。并且在最初的 30 min 内,各微量有害空气污染物的降解速度最快,一度达到 30% 以上。随后,各空气污染物的降解速度依次降低,在两个小时以后,降解后的浓度达到了最低值。

3 h 后,二甲苯的降解效率最高,达到了 90%;甲醛的降解起初反应效果是最为明显的,即最初的降解速度最大,远大于其他 3 种污染物;氨和 TVOC 的降解总体效果也比较明显。

甲醛 $0.35 \times (1-79\%) = 0.074 < 0.08$;

二甲苯 $2.8 \times (1-90\%) = 0.28 > 0.2$;

TVOC $3.5 \times (1-78\%) = 0.077 > 0.5$;

氨 $0.78 \times (1-81\%) = 0.07 < 0.2$。

按当前室内最严格的国家标准来判断,以上几种气体在净化器的作用下,基本被降解到居民室内安全值以内或安全值附近。原因可能是初始浓度选取过大,二甲苯的初始浓度达到了标准值的 14 倍、TVOC 的初始浓度也达到了标准值的 7 倍。但经过 3 h 降解后,二甲苯与 TVOC 的量有大幅度减少。

5.2.2 CO 的净化效果

4 组试验对 CO 的净化处理效果,如图 5-13 所示。

从图 5-13 可知,循环光催化组在最初的几分钟内降解速度最快,光催化对降解 CO 是有效果的,且起作用的时间短。随着降解时间的增加,循环负离子组降解速度远高于其他组,经过 55 min 左右,达到了 75%。主要是因为 CO 的净化是通过负离子发生器产生的负氧离子的小离子主动捕捉空气中的小颗粒,使其凝聚沉降,黏附在颗粒物上的 CO 也得到了间接净化。

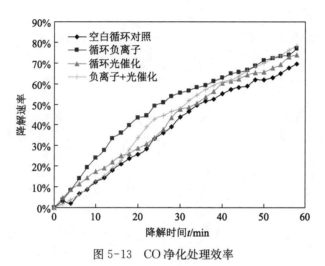

图 5-13 CO 净化处理效率

5.2.3 C_xH_y 的净化效果

4 组试验对 C_xH_y 的净化处理效果,如图 5-14 所示。

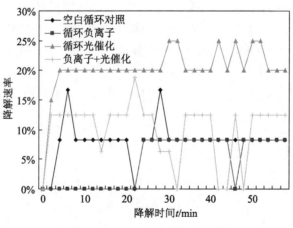

图 5-14 C_xH_y 的净化处理效率图

从图 5-14 可知,循环光催化组在前 4 min 的降解速度最快,处理 NO_x 的效果也是最好的。这是由于光催化过程产生的 OH^- 是氧化性很高的一种活性物质,它能将几乎所有的有机物氧化分解为无机物。但是,负离子产生的负氧离子具有弥散性,起作用的时间比较长。整个试验过程中,NOx 的降解率只达到约 25%,这主要是由于气体经过光催化组的时间比较短,氧化不够充分;这有待于以后装置结构的进一步改进;还有可能就是 NOx 在空气中的浓度低,不能完全净化。

5.2.4 PM2.5 净化效果

用色度分析得出 PM2.5 的 S 值变化表征 PM2.5 的净化处理效果,如图 5-15 所示。

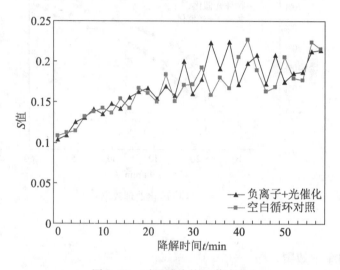

图 5-15　对照图片的 S 值变化

从图 5-15 可知,通过色度分析,在前 20 min,空白循环对照组与负离子+光催化组的 S 值增速都比较明显,说明整个过程风机开启加速了颗粒物的流动与净化。但在开始的 10 min 内,负离子+光催化组的 S 值增速(在前 10 min,曲线的斜率)明显要大于空白循环对照组,可见负离子+光催化组"驱散"空气中颗粒物 PM2.5 更快,也就是净化的效果更好。在净化后半段时间,由于舱内 PM2.5 浓度已经降低到很低的范围后,S 值出现上下波动。

5.2.5 微生物污染净化

表 5-7 中紫外光催化氧化简写成光催化。表 5-7 是每次试验使用 6.7×10^6 cfu/mL 稀释 200 倍后的菌悬液 8 mL 条件下重复 3 次试验得出的。从表 5-7 中可以得知,三种处理工艺均能使细菌在 90 min 内减少,空白对照试验从最开始的 401 cfu 经过 90 min 的处理后减少至 19 cfu;紫外光处理工艺与紫外光催化氧化处理工艺都能在 15 min 将细菌微生物全部杀灭。

表 5-7　总菌落变化对照表

cfu

菌落组数	时间/min	0	1	2	3	4	5	10	15	20	30	40	60	90
第一组	空白对照	362	248	334	178	192	267	197	203	208	172	157	134	89
	紫外光	381	210	102	59	74	43	4	0	0	0	0	0	0
	光催化	325	157	79	110	44	26	5	0	0	0	0	0	0
第二组	空白对照	329	321	315	270	241	287	208	209	209	201	133	89	56
	紫外光	401	214	149	86	57	38	5	0	0	0	0	0	0
	光催化	380	185	159	61	32	20	5	0	0	0	0	0	0
第三组	空白对照	512	395	463	366	372	371	382	344	329	243	253	170	214
	紫外光	407	294	176	119	43	38	2	0	0	0	0	0	0
	光催化	303	226	78	42	35	9	1	0	0	0	0	0	0
平均数	空白对照	401	321	370	271	268	308	262	252	248	205	181	31	19
	紫外光	396	239	142	88	58	39	3	0	0	0	0	0	0
	光催化	336	189	105	71	37	18	3	0	0	0	0	0	0

　　由图 5-16 可见,3 种条件下菌落数随时间的变化关系,空白对照的数据在前一分钟有所波动,这是因为舱室内空气的流动不均匀,使菌落散发不稳定。在 5 min 后,空白对照试验的数据呈逐渐下降趋势。在没有杀菌措施的情况下,空气中的微生物数量变化出现下降趋势的原因可能是由于细菌微生物吸附于舱室的内壁以及空气净化机的负载型 TiO_2/Ti 光催化膜上,使暴露在空气中的细菌微生物逐渐减少。而对比紫外光处理试验以及紫外光催化

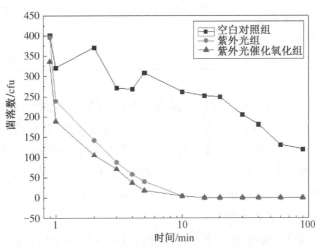

图 5-16　3 种条件下菌落数随时间变化

氧化处理试验,两组试验的试验结果在 1～10 min 的时间段内,细菌微生物的数量急剧下降,在 15 min 后达到完全灭菌的效果。但是处理过程中,紫外光催化氧化的杀菌速度要明显优于紫外光杀菌的速度,紫外光催化氧化处理在各时间段的细菌微生物数量要明显小于紫外光试验中的细菌微生物数量。通过对比三组曲线可明显看出,紫外光催化氧化工艺进行杀菌处理在效率以及速度上均有较为明显的优势,细菌微生物消亡率如表 5-8 所示。

表 5-8 三种试验条件下的细菌微生物消亡率

时间/min	空白对照组消亡率	紫外灯组消亡率	紫外光催化氧化组消亡率
0	0.00%	0.00%	0.00%
1	19.87%	39.61%	43.65%
2	7.56%	64.09%	68.65%
3	32.34%	77.80%	78.87%
4	33.08%	85.37%	88.99%
5	23.11%	89.99%	94.54%
10	34.58%	99.07%	98.91%
15	37.16%	100.00%	100.00%
20	37.99%	100.00%	100.00%
30	48.79%	100.00%	100.00%
40	54.86%	100.00%	100.00%
60	67.33%	100.00%	100.00%
90	70.16%	100.00%	100.00%

如图 5-17 所示,空白对照在开始的时候消亡率往下降,后又回升,是因为空白对照没有风机,细菌微生物挥发不均匀以及气流不稳定,会影响收集效果,后面的趋势稳定上升,整体没有大问题。由图还可明显看出,紫外光催化氧化处理空气中的细菌微生物效率要比紫外光高。1～5 min,紫外光催化氧化组要比紫外灯组高 4% 左右;在 5 min 时,紫外灯组是89.99%,而光催化组是 94.54%,相差接近 5%。可见紫外光催化氧化处理空气中细菌微生物,基本在 15 min 内就能完全将其杀灭。

由上述试验可以得知,紫外光催化氧化处理空气中的细菌微生物的效率最高。基于此结论,经过对空气净化机的处理工艺参数进行优化,将变频电机接在负压风机上,通过改变

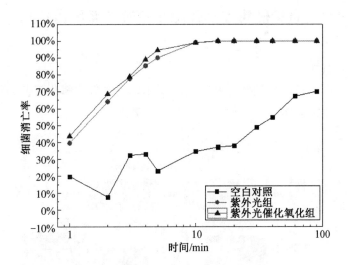

图 5-17 三种试验条件下的细菌消亡率

电机频率来改变风机的转速,从而达到改变空气净化机内风速的效果,在其余条件不变的情况下,将风机的风速设定为 0.5 m/s,0.6 m/s,0.7 m/s,0.8 m/s,1.0 m/s。

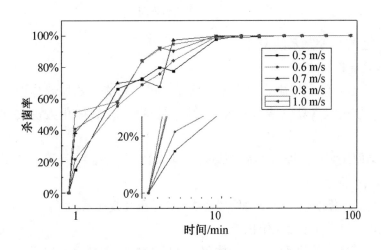

图 5-18 不同风速下的紫外光催化氧化杀菌试验结果图

由图 5-18 可见,在同一条件下,每次试验使用 6.7×10^6 cfu/mL 稀释 200 倍后的菌悬液 8 mL。从前几分钟可见其规律,空气净化机的风机速度越快,处理细菌微生物效率越高。这是因为风机速度加快,空气中细菌微生物在负载型 TiO_2/Ti 光电催化薄膜表面的传质速度加快,从而使处理效率大大提高。

5.3 地下空间空气质量健康安全保障示范装备系统设计与示范应用研究

5.3.1 系统流程设计

根据本项目前期试验,最终制定如图5-19所示以光电催化氧化工艺为核心技术的空气质量健康安全保障工艺方案。

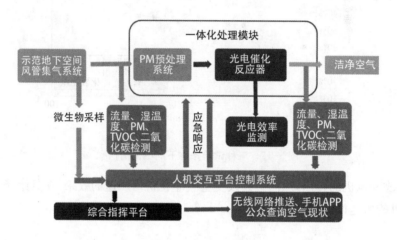

图5-19 系统流程图

5.3.2 系统原型样机控制系统设计

1. 控制系统流程

城市地下生活空间空气质量健康安全保障一体化智能系统控制如图5-20、图5-21所示,包括地下空间风管集气传动系统、一体化处理模块、智能化人机交互平台系统和综合指挥平台。

(1)地下空间风管集气传动系统包括风阀、通风管道、风机一、气阀一、气阀二、风机二、气阀三、气阀四、风机三。

(2)一体化处理模块包括PM预处理系统和光电催化反应器。

(3)智能化人机交互平台系统包括五部分。

第一部分风管集气传动系统位于一体化处理模块之前,包括温度传感器一、湿度传感器一、PM传感器一、TVOC传感器一、二氧化碳传感器一、甲醛传感器一、一氧化碳传感器一、甲烷传感器一、硫化氢传感器一,用于采集未经处理的污染空气的相关信息。

第二部分位于一体化处理模块之后,包括温度传感器二、湿度传感器二、PM传感器二、TVOC传感器二、二氧化碳传感器二、甲醛传感器二、一氧化碳传感器二、甲烷传感器二、硫化氢传感器二,用于采集处理后的污染空气的相关信息。

第三部分位于风机三之前,包括空气流量监测器,用于监测气体流速。

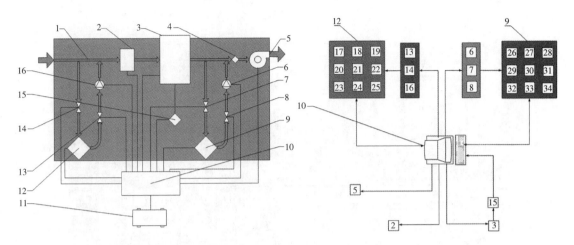

1—通风管道；2—PM 预处理系统；3—光电催化反应器；4—空气流量监测器；5—风机三；6—风机二；7—气阀三；8—气阀四；9—风管集气传动系统(处理后)；10—人机交互平台系统控制模块；11—计算机后处理控制模块；12—风管集气传动系统(处理前)；13—气阀一；14—气阀二；15—光电效率监测器；16—风机一；17—温度传感器一；18—湿度传感器一；19—PM 传感器一；20—TVOC 传感器一；21—二氧化碳传感器一；22—甲醛传感器一；23—一氧化碳传感器一；24—甲烷传感器一；25—硫化氢传感器一；26—温度传感器二；27—湿度传感器二；28—PM 传感器二；29—TVOC 传感器二；30—二氧化碳传感器二；31—甲醛传感器二；32—一氧化碳传感器二；33—甲烷传感器二；34—硫化氢传感器二。

图 5-20　系统原样机控制流程图

第四部分为光电效率监测器，与光电催化反应器连接，用于监测光电催化反应器的工作效率。

第五部分为智能化人机交互平台系统控制模块，用于对收集到的信息进行系统分析。将前四部分信息发送至第五部分，综合分析信息，计算机处理后给出控制信号并传送至综合指挥平台，从而对风机、气阀、紫外光灯进行控制。

2. 控制及显示界面

控制及显示器选取西门子显示器，型号为 SMART S700。控制系统显示界面如图 5-22 所示。

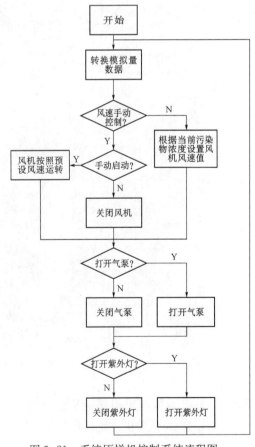

图 5-21　系统原样机控制系统流程图

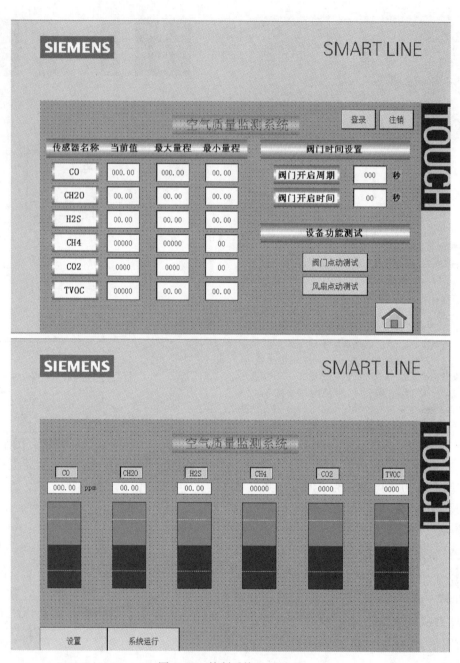

图 5-22　控制系统显示界面

5.3.3　系统原型样机机械结构设计

图 5-23 为原型机三维建模图形。

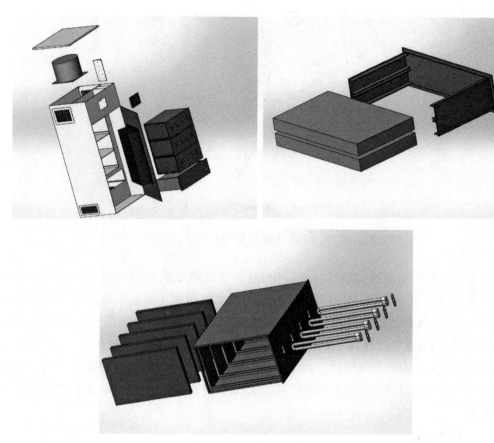

图 5-23　原型机三维建模图形

5.3.4　系统流场仿真

本次仿真工作,使用 Solidworks 建立原型机简化装置的三维模型并导入到 ICEM 中进行网格划分。装置主要由外壳体、光电催化反应腔体、过滤腔体组成。本次仿真主要考察的是装置内部流场特性,不考虑气流对装置结构强度的影响,所以建模时直接建立流场区域,忽略结构部分。由于 FLUENT 软件对迭代计算的求解结果精度是基于网格划分的精度和网格的质量,所以在 ICEM 划分网格时通常会增加网格的数量和密度以得到更为精确的仿真结果。

反应器内部流场行为比较复杂,缺乏相应的成熟理论知识,考虑到计算机整体 CPU 的处理计算能力和时间上的节省,建模时应对模型结构部分做适当简化,仅保留具体的流场进行仿真分析。本次仿真将各种螺钉、螺母、紫外灯管、灯座、风机等简化,在尽量不失真的前提下保证仿真结果。由于整体反应装置为长方形箱体,在 XY 面呈对称结构,可以选择剖面的流场进行分析。本次仿真试验对气相条件同样进行简化设置。气相为连续相,将流动的气体视为不可压缩的气体;同时当反应器稳定工作时,假设其模拟结果不随时间的改变而改变。

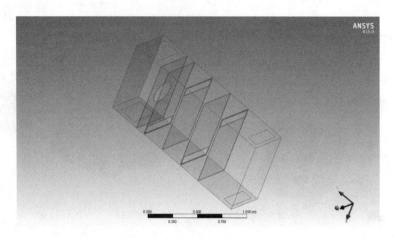

图 5-24　装置数理模型图

边界条件通常是在流场仿真计算过程中,流场变量需要满足数学物理条件。在使用 FLUENT 软件进行仿真计算时,边界条件的设置需要很准确。模型采用速度入口边界条件,数值根据原型机预计运行工况、主风机转速以及进出口直径等参数选取入口流速为 6.54 m/s,气体的密度根据计算为 1.29 kg/m^3,入口处的湍动能和湍流黏性比分别取 5% 和 10。装置其余的流场边界面全部设定为壁面,采用无滑移条件即流体和固壁间的相对滑动为零。本次流场仿真同时设计了不同的挡板间距、入口流速等进行对比,验证各种因素对于流场的影响。

1. 计算结果分析

经过 FLUENT 的 500 次迭代计算后,得出如图 5-25 所示的残差曲线图,可以看出计算收通敛。

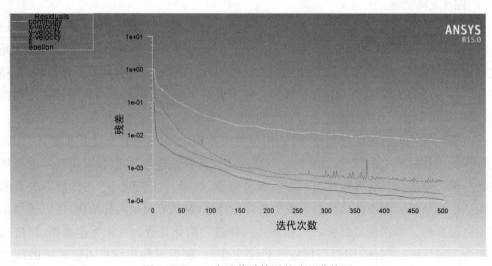

图 5-25　500 次迭代计算后的残差曲线图

2. 速度场分析

装置中的反应速度会受到反应器内气体流速分布影响,而反应器内气体流速分布又是由整体装置的结构决定的。因此,通过对流场内气体的速度场分析,可以更好地优化整体装置的结构,以达到更好的处理效率。同时通过速度场分析产生的涡流也有利于对废气和光催化材料接触反应的情况进行分析,进而得出最佳挡板距离、风速等,如图 5-26 所示。

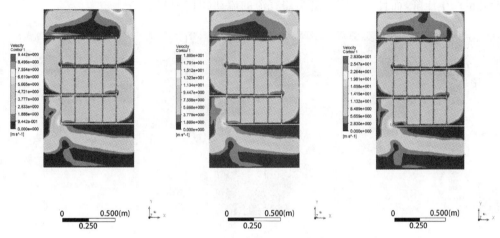

图 5-26　速度场分析图(三维及对称面)

3. 压力场分析

装置是气体和负压的,如果装置整体排气压力损失过大,会对风机功率产生影响。反应装置内部气流压力损失主要受行程阻力、流经区域的面积变化、流场中的涡流等因素影响。气流进入过滤腔体时,在出入口分别有扩张收缩的压力损失,同时形成的涡流也造成了局部压力损失。气流在沿途受到与壁面的黏性力作用同样也造成了压力损失,消耗了气流的能量,使压力逐步降低(图 5-27)。

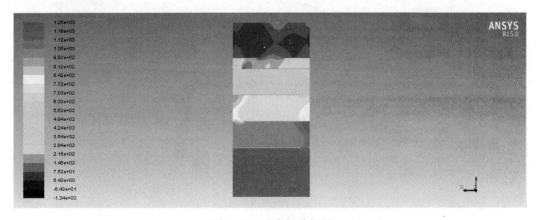

图 5-27　压力场分析图

4. 湍动能场分析

湍流受整体装置结构影响,主要表现在结构变化对气流的扰动,通常在速度变化较大的位置容易产生湍流。由于湍流的流动比较复杂,并且受到仿真计算时选用模型的局限,仿真结果并不能完全精确地反映流场内湍流的情况,只能大体显示出湍流产生的位置。湍流一方面具备使气流充分扩散的效果,使气体与反应装置更加充分地接触;另一方面又会消耗气体的能量产生压降,而且会一定程度阻碍气流的流动(图 5-28)。

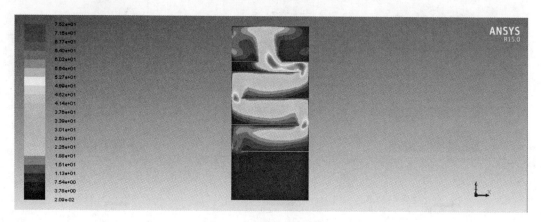

图 5-28 湍动能场分析

5.3.5 地下空间空气质量健康安全保障系统的工程示范研究

1. 现场监测点选取

依据项目任务书,选定人流量较大、污染物浓度较高区域作为本次现场工程示范监测点。

2. 工程示范现场设备运行照片

污染物监测实现对氨、甲醛、TVOC、菌落总数、氡等 5 种主要污染物进行监测(图 5-29、图 5-30)。

图 5-29 现场设备运行图

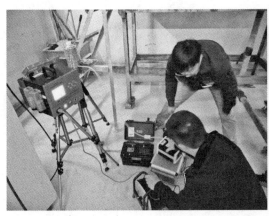

图 5-30　现场监测图

参考文献

[1] 国家人民防空办公室,中华人民共和国卫生部.人防工程平时使用环境卫生要求:GB/T 17216—2012 [S].北京:中国标准出版社,2012.

[2] 中华人民共和国住房和城乡建设部.民用建筑工程室内环境污染控制标准:GB 50325—2020[S].北京:中国计划出版社,2020.

[3] 中华人民共和国国家质量监督检验检疫总局,中国国家标准化管理委员会.医药工业洁净室(区)浮游菌的测试方法:GB/T 16293—2010[M].北京:中国标准出版社,2011.

[4] 中国香港特别行政区政府室内空气质素管理小组.办公室及公共场所室内空气质素检定计划指南 [EB/OL].[2019-02-13].https://www.iaq.gov.hk/sc/iaq—certification—scheme.aspx.

[5] 卫生部卫生法制与监督司.室内空气质量标准:GB/T 18883—2002)实施指南[M].北京:中国标准出版社,2003.

[6] 王宗爽,徐舒,谷雪景,等.中外环境空气质量标准比较[C]//中国环境科学学会环境标准与基准专业委员会 2010 年学术研讨会,北京,2010.

[7] 董洁,李梦茹,孙若丹,等.我国空气质量标准执行现状及与国外标准比较研究[J].环境与可持续发展,2015,40(5):87—92.

[8] 田一平.光离子化法测定室内环境中 TVOC 的方法研究[C]//首届全国室内环境与健康 2002 年度研讨会,北京,2002.

[9] 韩宗伟,王嘉,邵晓亮,等.城市典型地下空间的空气污染特征及其净化对策[J].暖通空调,2009,39(11):21-30.

[10] 胡迪琴,魏鸿辉,黎映雯,等.广州市典型地下空间空气质量调查初探[J].广州环境科学,2013(1):5-8.

[11] ASHRAE.ANSI/ASHRAE Standard-62.1—2016[EB/OL].[2018-11-12].https://www.techstreet.com/ashrae/stand—ards/ashrae—arabic—standard-62-1-2016? gateway_code=ashrae& product_id=2016128.

[12] 郭春梅,赵珊珊,赵一铭,等.我国居住建筑室内 PM2.5 研究现状及进展[J].环境监测管理与技术, 2018,30(4): 12-17.

[13] 程义斌,金银龙,刘迎春.汽车尾气对人体健康的危害[J].卫生研究,2003(5):504-507.

第6章

公共安全应急平台
架构与管控策略

6.1 城市地下空间安全管理及信息化发展现状

现阶段,我国城市地下空间经营场所大部分正处于完善安全组织体系及安全管理制度,加强安全教育培训,进行应急预案及指挥体系建设的阶段。安全管理水平停留在传统的管理阶段,迫切需要结合物联网技术,利用信息化手段,提高安全管理的有效性。

1. 地下空间的信息资源无法实现集成与共享

对于部分在进行信息化建设的地下空间经营场所,由于相关数据信息分散于不同管理部门中,信息化系统建设较为分散,安全监视监控系统没有全面集成,没有形成统一的管理平台,各管理部门缺乏有效的信息沟通机制,一旦发生灾害事故,相关的数据信息不能实现有效的联动,严重影响救援工作的开展。

2. 安全管理智能化、可视化有待进一步研究

现阶段,我国城市地下空间没有实现数据的及时感知和上传,缺乏自动报警的智能化功能。随着物联网技术、可视化技术的发展,城市地下空间安全管理智能化要逐步形成科学的信息化规划,以可视化的理念作为指导,结合物联网技术,推进城市地下空间安全管理水平再上一个新的台阶。

我国城市地下空间安全管理存在的问题会随着城市化进程的推进而日益凸显,信息化技术和手段会在地下空间安全管理中发挥着越来越重要的作用,要在技术层面引入物联网技术,提高地下空间信息资源的利用和共享,实现整体信息资源的联动。

6.2 城市地下空间安全运营平台技术研究

重点开展在突发火灾、地震作用时灾害发生和扩展机理、防止机制的研究,确定灾害的风险源、防护的关键部位,开发相应的防火灾技术和应急标志系统、关键部位的抗震技术与评估标准;同时开展地下空间空气质量控制新技术工艺研究,保障地下空间中空气质量健康

安全的高效一体化空气处理示范装备;建立城市大规模地下空间运营安全指标体系和综合运营指挥平台,为城市地下空间的安全运营提供技术支撑,为保障城市的和谐运行提供有效手段。

主要技术研究如下:

1. 多目标多要素超高层建筑群地下空间安全运营综合平台架构研究

开展基于可靠性、可用性、维修性、安全性的平台架构研究,在分析超高层建筑群地下空间构成要素的基础上,重构地下空间安全运营的要素,探索现有先进技术体系架构和指标体系在地下空间基础设施设计-建设-运维全生命周期过程中的应用。此外,在平台的安全保障体系方面开展专题研究,深入分析安全保障需求,全面把控平台物理、网络、主机、应用、数据等各方面的安全。

2. 基于物联网的综合安全保障功能系统研究

研究基于物联网的综合保障系统,以网络化信息环境为基础,以人员、安全保障设备、安全保障设施、技术资料、供应、培训等资源要素为支撑,重点研究超高层建筑群地下空间动态要素(交通流、设备群、应急响应)的智能管控、趋势预测、状态信息管理、安全保障计划的生成、安全保障资源的调度、维修管理等功能。

3. 结构和机电设备健康安全管理关键技术研究

利用先进传感/驱动元件,在线、实时地获取与健康安全状态相关的信息,结合先进的信号处理技术、建模和预测技术、诊断技术,通过定量分析和定性分析相结合,形成面向超高层建筑群大规模地下空间结构和机电设备综合健康安全管理系统。

6.2.1 平台架构研究

1. 系统总体层次结构设计

系统应涵盖消防系统、机房环控、停车库系统、信息发布、能源及环境、视频监控系统、门禁系统、楼宇自控系统(BAS)、BIM等IT系统。IBMS系统集成了上述系统,偏重于海量数据的采集与存储,有助于超高层建筑地下空间"大数据"生态圈的建设。

2. 系统总体框架

公共安全应急平台主要从整体架构的系统支撑、数据采集、数据存储、业务逻辑、数据展现等部分进行建设(图6-1)。

(1)系统支撑。主要包括操作系统、数据库、应用中间件、网关,建立统一认证、统一消息、统一工作流、统一时钟系统等。

(2)数据采集层。主要包括设备网关、视频监控、建筑自动化、大屏切换、消防报警、周界报警、防盗报警、应急广播、短信服务等各种网关接口。各种网关组成一个高可用集群的网关池,其中设备数据主要是设备运行状态参数、设备运行参数等。

(3)数据存储。通过建设数据中心,实现海量能源数据的集中存储,满足TB数量级的数据集中存储和数据分析处理。管理的数据主要包括BIM数据、GIS数据、设备监控数据

206

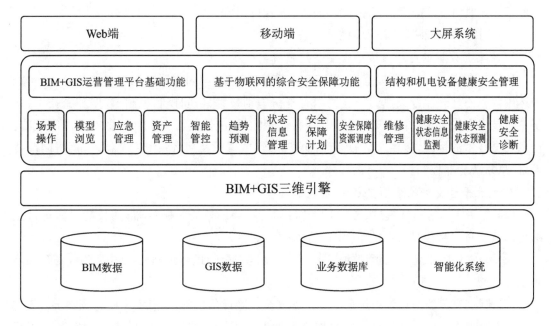

图 6-1 系统总体架构

以及报警数据等。缓存数据库存放展示子系统常用业务数据、设备实时状态数据、实时报警数据以及业务处理过程的临时数据。

（4）业务层。业务层是平台建设的核心部分，通过数据整合系统、设备监控系统、设备管理系统、数据分析系统、故障处置系统、应急管理系统的建设和集成，实现设备安全管理控制中心、调度中心，在一个平台上实现设备设施、机电管线集中展示、管理和控制。

（5）表现层。平台通过 B/S 架构实现，用 Web 服务的方式，信息展示提供综合大屏、统计报表、信息查询、统一报警、电子地图、设备健康状态等。提供统一的操作界面和风格统一的图标。

6.2.2 公共安全应急平台控制技术研究

6.2.2.1 平台安全保障体系研究

平台网络安全问题具有开放性、多元性、自主性、参与性、虚拟性、隐蔽性等特征，以往在网络安全上存在管理滞后及管理方法不当、经验不足等现象，这些不足制约着网络平台的发展，同样也制约着相关问题研究的健康开展。

为应对以上问题，研究采取如下措施：

（1）收集并分析国内外网络平台安全问题研究信息。

（2）建立平台安全保障管理体系，形成制度。

（3）构建安全网络平台。

（4）开发平台科学管理、备份机制组件。

（5）合理利用数据库管理系统提供的安全保障机制。

（6）制定 BIM 数据安全保障措施。

1. 收集并分析国内外网络平台安全问题研究信息

从技术角度、制定安全规范、开发安全技术等方面看，国内主要还属于理论研究，在实践中运用效果不佳。比较成熟的安全技术有身份识别技术、访问控制机制、数据加密技术、数字签名技术和安全审计技术等；国际上具有代表性、权威性的研究平台信息安全的问题有：信息安全技术的标准，信息安全的管理，操作系统，数据库及网络系统安全技术，病毒防范技术，信息系统犯罪控制。

2. 建立平台安全保障管理体系，形成制度

（1）保障平台运行环境（服务器）。平台运行环境的核心是服务器，其长期可靠运行是综合运营指挥平台信息安全的重要前提。

（2）确立保障平台安全管理的人员组织。制定安全管理组织框架，成立"平台安全保障小组"。

（3）制定完善的信息管理规章制度。如安全风险评估机制，信息安全应急预案等。

（4）组织人员进行计算机技能培训。相关人员积极参加相关培训，不断研究和发现系统漏洞、缺陷及面临的威胁，力求做到防患于未然。

3. 安全平台网络的构建

安全平台网络的构建，即确保内外网的物理独立性。平台系统确保专网专用，完善防范病毒体系。内部网络保障正常工作，连接各子系统，保证内部数据共享和交换的业务工作网；专用网络为行政、办公用网络，保障工作人员对外部数据共享和交换的综合信息网络。

4. 开发平台科学的管理、备份机制组件

（1）通过各组件科学数据管理机制有效保证平台运行的安全性（图 6-2）。

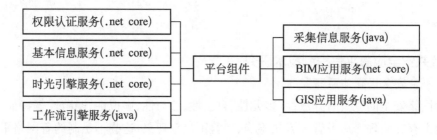

图 6-2　平台组件

（2）平台构成组件的安全保障机制有：统一权限管理，API 请求认证，统一报警组件，数据读写分离等（图 6-3—图 6-6）。

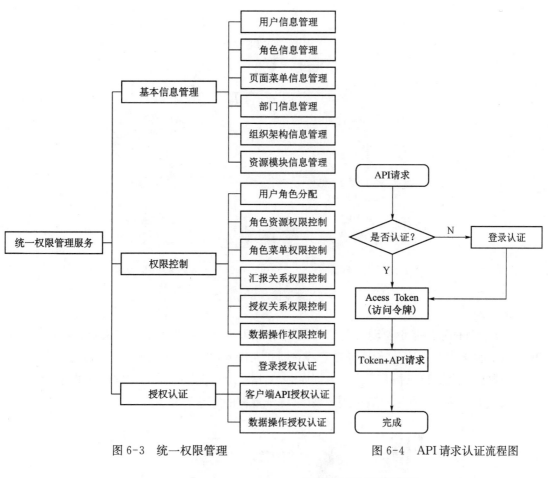

图 6-3　统一权限管理　　　　　　　　图 6-4　API 请求认证流程图

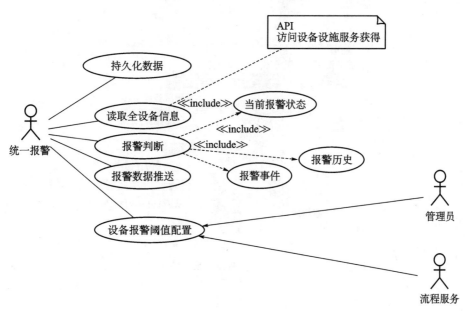

图 6-5　统一报警组件示例图

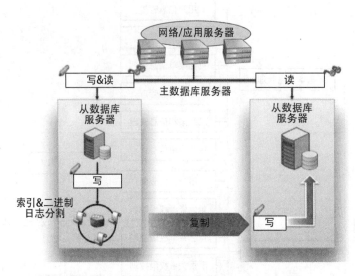

图 6-6　数据读写分离示意图

　　(3) 合理的数据备份及动态转储的数据库恢复机制。服务器采用双机热备,当主机出现故障不能继续服务时,备份服务器能够立即介入代替,继续提供服务(图 6-7)。

　　当数据安全受到威胁需要恢复数据库时,根据实际情况采用动态数据转储的方法,即采用冗余和工作日志的办法对数据进行恢复,保证数据的完整性和一致性。

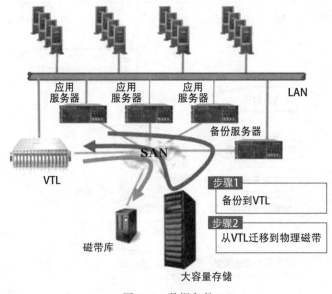

图 6-7　数据备份

5.合理利用数据库管理系统提供的数据安全保障机制

合理利用数据库加密、权限控制、读写分离并发等控制机制；平台数据的共享应当是有条件的共享，即加强账号和密码管理，充分利用数据库的授权机制；为了保证专业数据不外泄，对机密数据采用强制控制存取数据机制；读写分离是客户端通过 Master 对数据库进行写操作，Slave 端进行读操作，并可进行备份。Master 出现问题后，可以手动将应用切换到 Slave 端(图 6-8)。

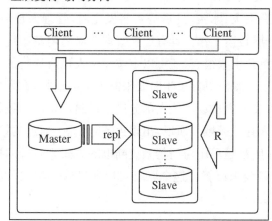

图 6-8 数据读写分离

6.基于物联网的综合安全保障功能系统研究

物联网的基本特征可概括为全面感知、可靠传送和智能处理。

全面感知：利用传感器、射频识别、GPS、二维码、摄像头等感知、捕获、智能计算技术，随时随地对物体进行信息采集和获取。

可靠传输：通过各种电信网络、互联网及传感网络的融合，把各种物理对象接入信息网络，随时随地进行可靠的信息交互和共享。

智能处理：利用云计算、模糊识别等各种智能计算技术，对海量的感知数据和信息进行分析与处理，实现智能化的决策和控制。

基于物联网的综合保障系统以网格化信息环境为基础，以人员、安保设备设施、技术资料、供应、培训等资源要素为支撑，研究超高层建筑群地下空间动态要素——"交通流、设备群、应急响应"的智能管控、趋势预测、状态信息管理、安保计划的生成、安保资源的调度及维修管理等功能。

从人员疏解救援的角度出发，为提高地下空间自身的防灾能力，可以从人车流线规划、智能化门禁系统、智能应急管理等方面着手解决此问题。

1）人车流线规划

通过智能定位收集地下空间区域内各种不同类型的流量方式的数量、频率、时间、人流行进方向、车流通行方向等数据并进行分析预测；通过智能视频分析技术，实现对重点区域人流密度、流量及非法越界的监控，从而合理规划地下空间内的人车流线，避免因人车流线冲突和人流局部拥堵造成的疏散效率低和次生事故发生。

2）智能化门禁系统

对地下空间人员出入进行控制、实时监控、安保报警、区域人数统计等。如果有紧急突发事件发生，在门禁系统中可以触发各种报警，比如强制进入受控通道。安全应急平台可以针对系统中的报警事件，进行预先程序设计，系统接收到对应的报警信息后，会自动提醒安保人员上报警情及处置方式。有火灾、水灾、地震等灾害发生时，管理人员通过平台掌握了区域内的人员情况，可以快速开展救援工作。具有位置管理功能的门禁系统，可以迅速地检索到各个区域的人员数量及名单并生成报表，还可以定位每个人最后通行的一个位置，为决策者提供有效的基础数据。除了在紧急事件发生时要限制人员的通行，在发生火灾时，还需要对逃生通道进行开发，便于人员逃离现场。绝大部分逃生通道都是门禁系统管控的重点，以防无关人员通过逃生通道进入管控区域。所以，出现火情时，逃生通道的控制往往非常重要。门禁系统在发生火灾时，一般都是采用对门禁系统断电的方式来打开对应区域的门，区域设计会根据消防分区和逃生路线来设置。这个联动可以通过软件集成，也可以由消防系统直接控制门禁供电的方式来实现。

3）设施设备监管

对地下空间能耗设备、监控设备、机电管线等进行实时监管。通过数据智能采集，能耗设备若超过限定值，就会报警，监控设备、机电管线一旦发现故障，可以及时派人维修，避免因小故障造成大灾害。维修后上传维修单，设施设备管理员进行回访、系统工单处理，从而优化大数据分析管理。

4）智能应急管理

应急响应是公共安全应急管理的一个阶段，是灾难事件后的处置与救援。从管理学的角度看，可以把应急响应看作是城市居民及救援力量在一定的时间、空间和社会背景下进行的有组织的活动。受到灾难影响的城市居民和实施救援的救援力量是这一活动的基本主体，将其称为"应急单元"。灾难波及的区域范围，是"应急单元"作用的空间和社会背景，统称为"应急环境"。由于灾难事件的破坏性、不可重复性，应急响应实战演习组织的困难性和花费巨大，以及一次试验不足以反应统计规律等不利因素，将应急响应过程抽象为应急响应模型，通过模型模拟对应急响应过程进行分析，可以为应急决策和指挥提供科学依据。应急响应模拟，是在一定空间范围和条件下，对已经发生或可能发生的紧急事件的应急响应过程的再现或预测，是对城市居民和救援力量在应急响应过程中的行为仿真。

火灾发生时，系统可推送具有针对性的应急疏散预案，以便火灾救援疏散工作有条不紊地开展，系统通过监测人流情况辅助疏散，从而将灾害的伤亡损失降至最低。

地下大空间系统庞大复杂、数据量多、人员流动多、环境封闭、救援时间紧迫,这些都给应急指挥提出了很高的要求。物联网环境下的应急指挥需要实现智能化数据分析、智能化决策支持、高效稳定的通信网络、反应快速的救援力量等(图6-9)。

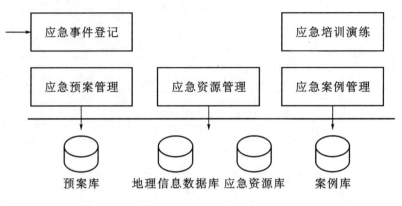

图 6-9 应急管理模块

应急预案管理包括预案的录入、更新、完善、检索、查询,实现各类预案的电子化存储。目前的预案库多是简单的文本预案,不能实现应急环境下的高效检索、智能分析功能(图6-10)。要实现应急智能化,预案的存储应基于本体理论,采用结构化的知识表示方法,将领域知识转化为计算机可识别和检索的信息。例如将预案中的人员、部门信息、处理规则、步骤等通过规范的结构化组织形式展示出来,计算机可以根据事故参数与预案中的存储数据进行匹配,从而自动生成处理方案。再如通过对不同预案应急人员信息的结构化表示,应急处置子系统启动预案后,系统可自动检索预案中的应急小组人员信息,提供给通信系统自动呼叫。预案库的检索和查询是应急预案子系统能切实发挥效力的核心功能。应急预案的检索和查询除能实现对各数据域的精确查询外,还需要能对包含有不确定信息的情况实现非精确查询(图6-11)。

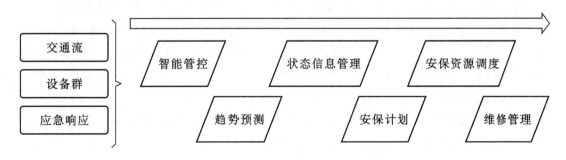

图 6-10 基于物联网的综合安全保障功能

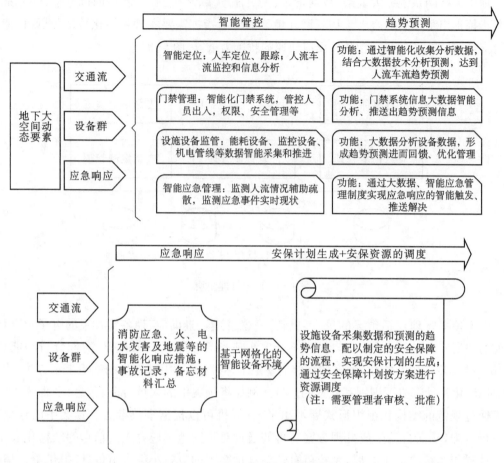

图 6-11　基于物联网的综合安全保障功能

6.2.3　结构和机电设备健康安全管理关键技术研究

1. 结构健康安全管理

由于材料老化、地基不均匀沉降以及在地震、强风和洪水等自然因素作用下,空间结构不可避免会产生一定程度的损伤破坏,影响正常使用以及结构的承载力、耐久性和完整性,如果结构损伤未被发现和处理,经过不断累积到质变就可能发生事故,导致结构局部或整体的破坏和倒塌,以及严重的财产损失和人员的伤亡,因此对结构进行实时健康监测,判断结构的健康状态及剩余寿命,从而进行安全管理显得非常重要。

结构健康监测模块主要通过传感器进行数据采集,并对采集到的数据进行诊断,判断损伤发生与否、损伤位置、损伤程度,并对结构进行健康状况评估。

大型结构健康监测系统普遍都具有相同的特点,例如测点分布广、传感器种类多和监测时间长等,大型结构健康监测系统带来庞大的数据应该如何处理,以及如何合理分析与评价来自健康监测系统的海量测量数据,从而进一步对健康监测信息进行显示和可视化处理,逐渐成为一种需求和趋势。本系统将传感器健康监测数据与 BIM 结构模型紧紧联系在一起，它能直观地观察结构模型图，展示监测点位，帮助用户直观地了解各监测点位当前实时运行状态，实现大型结构监测系统可视化，改善了目前存在的监测信息不直观，表现贫乏、单一，交互性功能差，缺乏智能自动化处理等现状，并将其应用到实际的地下空间结构模型中。

2. 机电设备安全管理存在的问题

(1) 机电设备管理制度不健全。企业没有明确的机电设备安全管理制度或者制度不健全，对机电设备的管理工作开展不到位，未落实包机责任制，对重大机电设备如通风机、变电所开关等未采取专人专管，导致机电设备出现故障时不能及时解决。

(2) 机电管理人员缺乏专业知识。企业缺乏专业的机电管理人员，或者在机电设备管理过程中管理人员对机电设备安全参数、性能不了解，设备出现故障时不能及时处理。企业对机电设备管理人员专业知识培训工作不到位，未按规定定期进行专业培训，或者培训力度不够，导致机电设备管理人员缺乏专业知识。

(3) 机电设备检修维护工作不到位。机电设备在运转过程中出现故障时不能及时被发现，或者对于大型或重要设备定期检修维护力度不够，机电设备在检修维护时经常出现马虎、随意、不到位现象，致使机电设备经常出现故障，降低其使用寿命。

(4) 机电设备老龄化现象严重。很多企业为了降低成本，对老化落后设备未及时更新换代，很多机电设备已经超出使用期但仍在继续使用，设备老化现象严重，设备安全系数降低，很容易出现机电事故。

(5) 机电设备质量不合格。企业在采购机电设备时未认真检查设备质量，或者所采购的厂家不正规，造成设备质量不符合安全要求，设备采购后未实行投入检验制度，造成很多不合格机电设备直接投入使用，不合格设备投入使用后经常出现故障，甚至发生重大机电事故。

(6) 机电设备超载、负荷现象严重。机电设备在使用过程中经常出现超载、超负荷现象，这降低了电气设备使用寿命。负荷不仅包括设备负荷，还包括供电电网负荷，在机电设备供电系统中一旦出现电网负荷时很容易造成设备供电不稳定，严重时烧毁设备。

3. 机电设备安全管理的方法

(1) 利用社会技术力量，建立一支高素质、高技术、高质量、高速度的机电维修队伍。

(2) 加强、改进润滑管理。机械设备润滑管理是运用摩擦学理论和现代设备管理方法，通过科学的管理途径实现机械设备的合理润滑，减少生产机械设备磨损、节能降耗、延长使用寿命。

(3) 加强技术管理与经济管理相结合。这是一条既要求重视设备物质形态运动管理，又要求重视设备价值形态运动管理的内容，也是提高设备投资综合效益的重要途径。

(4) 建立基于状态监测的设备维修管理系统。设备维修管理的信息化管理就是对机电设备进行现代化管理。

(5) 状态监测和故障诊断技术的应用。设备状态监测技术是指利用先进的科学手段，通过对设备或生产系统的温度、振动、噪声、润滑油厚度、消耗量等各种参数的监测，与设备生产厂家的数据相对比，分析设备运行的好坏，及早发现故障苗头，从而主动采取相应的预防措施，把故障消灭在萌芽状态，降低设备故障停机时间，提高设备运行可靠性，延长设备运行周期。

（6）从定期维修转变为预知维修。为减少设备故障，降低设备维修成本，防止生产设备的意外损坏，通过状态监测技术和故障诊断技术，在某些方面设备正常运行的情况下，进行设备整体维修和保养。

本系统为了保障设备安全，有效预防重大事故发生，研发了设备运行状态监测、故障诊断及故障预报技术，在此基础上进行设备运行状态健康监测和安全管理。基于相关技术对设备进行远程网络监测，系统在保障设备安全可靠服役、高效节能运行、稳定产品质量、优化运行状态、节约能源消耗、减少环境污染、改善工作条件、实行科学维护、提高设备利用率、节约维护费用、提升信息化水平及管理水平等方面发挥重要作用。基于远程网络监测中心还能够将信息实时反馈，以控制设备群在安全运行区或节能减排工况下优化运行。

在对机电设备进行健康管理的过程中，机电设备的健康趋势预测是设备管理工作的一个重点。有关预测技术的研发和学术交流活动非常活跃，机电设备健康趋势的预测理论也在不断发展。根据系统的复杂程度、预测方法的预测能力和适用范围，设备的预测方法可以分为基于统计模型的故障预测技术、基于知识的故障预测技术和基于数据的故障预测技术。

基于统计模型的故障预测技术的优点是：统计模型通常由特定领域的专家给出，经过大量数据验证，一般比较精确。基于统计模型的故障预测技术可以实时对设备故障进行预测，并且随着对设备故障的理解加深，可以逐步修正模型来提高预测的精度。但在实际应用的过程中，模型的建立是个难题。由于受系统的复杂程度、环境等影响，精确的数学模型难以建立，因此在一些应用中，这种设备寿命预测的方式也受到了限制。基于统计模型的故障预测技术的典型代表是基于随机滤波理论的故障预测技术。

基于知识的故障预测技术能够充分利用领域专家的知识，不再需要精确的数学模型，克服了基于统计模型的故障预测技术的缺陷。基于知识的故障预测技术只适合于推理，不适合于定量计算，所以其实际应用也有限制。

基于数据的故障预测技术以检测的数据为基础，不需要对象的先验知识，通过数学计算、分析推理得到设备隐含的健康状态变化信息，克服了基于统计模型预测技术和基于知识的故障预测技术的缺点。

基于数据的故障预测技术包括基于经典时间序列分析的故障预测技术、基于灰色理论的故障预测技术和基于机器学习（神经网络、支持向量机）的故障预测技术。

传统的设备管理信息系统，主要功能是设备台账和档案管理，可以使设备的静态信息规范化、标准化，以便高效、及时、准确地分析处理这些信息。但是传统的设备管理信息系统无法实现对设备的动态管理，而且设备管理各部门的设备管理系统自成体系，缺乏沟通和联系，形成"信息孤岛"。现有的系统也存在很多问题，如管理不规范，功能不完善，无法对设备进行全寿命跟踪,不能对设备实现健康管理等。

本系统的机电设备健康管理模块旨在运用下列先进技术在线、实时地获取与健康安全状态相关的信息并进行管理:

(1) 信号处理:处理来自传感器与控制系统的输入数据,既包括专用的功能状态、正常与否的指示,也包括依照设定的特征空间提取数据的内容特征,转换成状态监测、健康评估和寿命预测等部分处理要求的格式。通常的提取算法包括快速傅立叶变换、小波、滤波器或统计(平均,标准偏差)等,输出结果包括经过滤、压缩简化后的传感器数据、频谱数据以及其他特征数据等。

(2) 状态监测:对子系统、部件的行为以及材料的状况进行测试和报告,此外也对运行环境进行检测和报告,其功能主要是将这些数据同预定的失效判据等进行比较来监测系统当前的状态。关键输入为经过信号处理后的来自各传感器及控制系统的数据,其中报告准则用于控制报告的时间和阈值大小,而输出则为对检测部分、子系统、系统的状况报告信息。

(3) 健康状态评价:接受来自不同状态监测模块以及其他健康评估模块的数据。主要评估被监测系统(也可以是分系统、部件等)的健康状态(如是否有参数退化现象等),并据此进行故障隔离,完成余度管理、实时综合资源管理和优化以及重组/重构。特殊功能包括间歇状况的分析、特殊数据的收集、事件的相关性分析以及未知故障和事件的报告等。

(4) 剩余寿命预测:对部件和子系统在使用工作包线和工作应力下的剩余使用寿命进行估计。使用工作包线和工作应力可参照预先设定的强度或直接对运行强度进行估计得出。

(5) 状态维修决策:接受来自状态监测、健康状态评价和剩余寿命预测部分的数据。其功能主要是产生更换、维修活动等建议措施,主要包括维修计划制定、维修备件采购、维修任务调度和维修资源分配等。

机电设备健康状态评价的实质是弄清系统以及组成系统的部件在运行过程中的健康状态及发展趋势,包括采用各种监测、分析和判断方法,结合系统的历史状态、运行条件和实时运行情况,为系统的性能评价、状态估计、故障定位、维修决策打下良好的基础。

面向设备健康管理的机电设备健康状态评价的过程,即是选择健康状态评价指标,建立健康状态评价模型(即评价算法选择),分析健康状态评价结果(即健康等级划分),确定健康状态指标权重,确定评价指标隶属函数的过程。

6.2.4 基于 BIM 和 GIS 技术的平台建立

1. BIM 技术在平台中的应用

(1) BIM 用于空间定位。相关设备设施在 BIM 模型中以三维模型的形式表现,从中可以直观地查看其分布的位置,使用户对于这些设施设备的定位管理成为可能。消防系统的消火栓安放位置、视频监控摄像头的位置、停车库的出入口、门禁的位置等,在 BIM 三维电子地图中以点位反映给这些信息的关注者。以往的"问路"式管理方法依靠有经验的工作者对建筑物中设备和设施的熟悉程度,位置找不到就去问他们;而今在融合了 BIM 的 IBMS 系统中可以一览详情。

(2) BIM 用于设备维护。BIM 模型的非几何信息在施工过程中不断得到补充,竣工后集成到 IBMS 系统的数据库中,相关设备的信息如生产日期、生产厂商、可使用年限等都可以查询到,不需要花额外的时间对设备的原始资料与采购合同进行翻找,为设备的定期维护和更换提供依据;另外设备的大小、体积及放置信息作为模型的关联信息也存储在模型数据库中,在对建筑物进行 IBMS 相关子系统的改造中,不用进行多次的现场勘查,依据 BIM 中这些信息就可制定实施方案。

(3) BIM 模型用于灾害疏散。现代建筑物的功能多,结构相应复杂。建筑内部突发灾害时,及时采取有效的措施能减少人员伤亡,降低经济损失。BIM 模型汇集了建筑施工绿色建筑过程的信息,包括安全出入口的位置,建筑内各个部分的连通性,应对突发事件的应急设施设备所在等。因此当建筑内部突发灾害,BIM 模型协同 IBMS 的其他子系统为人员疏散提供及时有效的信息。BIM 模型的三维可视化特点及 BIM 模型中的建筑结构和构件的关联信息可以作为人员疏散路线的制定提供依据,保证在有限的时间内快速疏散人员。如火灾时,IBMS 的消防系统可以发挥作用,BIM 模型的"空间定位"特性可以提供消防设备的对应位置,建筑的自控系统可以根据 BIM 模型定位灾害地点的安全出口,以引导人员逃生。

(4) BIM 信息用于能耗管理:在建筑内的现场设备是 IBMS 的各个子系统的信息源,包括各类传感器、探测器、仪表等。从这些设备获取的能耗数据(水、电、燃气等),依靠 BIM 模型可按照区域进行统计分析,能更直观地发现能耗数据异常区域,管理人员有针对性地对异常区域进行检查,发现可能的事故隐患或者调整能源设备的运行参数,以达到排除故障、降低能耗,维持建筑正常运行的目的。

2. GIS 技术在平台中的主要功能(图 6-12)

(1) 数据的操作与处理功能。

地理信息系统(GIS)属空间型数据库管理系统,但它也具备一般数据库管理系统所具有的数据输入、存储、编辑、查询、显示和输出等基本功能。另外,为了满足各种用户的要求,能对数据进行一系列的操作运算与处理。主要操作包括坐标变换、投影变换、空间数据类型的转换、地图边缘匹配等。主要的运算有算术运算、关系运算、逻辑运算和函数运算等。其输出结果可以是数据、数据库表格、报告、统计图、专题图等多种形式,实现所见之所得的目的。

(2) 制图功能。

这是地理信息系统最重要的功能,它包括专题图制作,在地图上显示出地理要素,并能赋予数值范围,同时可放大缩小以表明不同的细节层次。地理信息系统不仅可以为用户输

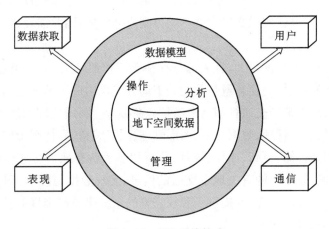

图 6-12　GIS 系统构成

出全要素图,而且可以根据用户需要分层输出专题地图以显示不同要素和活动位置,或有关属性内容,可将地图与各种专题图、统计图表、浏览表、图例、查询信息等组织在一起打印。

（3）空间查询与分析功能。

地理信息系统具有强大的空间数据处理能力和多种数据的综合能力,可进行空间图形与属性的双向查询,根据空间图形查询有关属性,根据属性特征查询到空间图形,并可根据需要进行最佳路径分析。其应用功能不仅仅表现在它能提供一些静态的查询、检索数据,更有意义的是在于用户可以根据需要建立一个应用分析模式,产生许多有用的新的信息,通过动态的分析,进行计算机智能决策,从而为评价、管理提供服务。

（4）地形分析功能。

地形分析主要通过数字地形模型(DTM),以离散分布的平面点来模拟连续分布的地形,再从中提取各种地形分析数据。地形分析主要包括等高线分析,即从等高线上精确地获得地形的起伏程度,区域内各部分的高程等。透视图分析,即用户为了从直观上观测地形的概貌,就需要地理信息系统绘制透视图,有些系统还能在三维空间格网上着色,使图形更为逼真。坡度坡向分析,即在 DTM 中可以计算坡度和坡向,并派生出坡度坡向图供地形分析。断面图分析,即用户可以在断面图上考察该剖面地形的起伏并计算剖面面积,用于工程设施和工程量计算等。

3. GIS 技术在地下空间中的应用

地理信息系统自诞生至今,其应用领域已由自动制图、资源管理、土地利用发展到与地理位置相关的水利电力、环境保护、金融保险、地质矿产、交通运输等多个领域。在地下空间领域采用 GIS 技术和方法解决地下交通及其相关的问题,与其他传统的方法相比,具有无可比拟的优点,如快速灵活性、客观定量性、强大的分析模拟能力等。

（1）在城市地下空间交通管理中的应用。

随着我国城市的快速发展,地下空间中的交通也日新月异,这便对地下空间中的交通管理提出了更高要求。但是目前我国在管理地下空间的交通方面还相对落后,许多工作还在使用传统的手工管理,这就使得交通效益不能得到充分发挥,因此需要借助计算机技术来改进地下空间中的交通管理。

目前,地下交通管理数据量大,且大部分存在于工程图纸上,信息仍然以普通的数据库属性信息为主。此外,庞大的信息量与单调的查询方式也构成了鲜明的对比。因此,把电子地图这一重要的信息源带到交通管理上来已是势在必行。利用地理信息系统的产品及其信息可视化技术,能集数据管理、数据分析、图形管理、图形编辑、彩色图形输出等功能于一体,可方便、有效、快速地存储、更新、操作、统计、分析和显示所有地下交通网络信息,能为主管部门提供及时、准确、较全面的有关地下交通的信息,实现数据与图形、图像的综合处理,解决沿线定位和空间定位的互换,能提供一套较完整的系统建设与维修的技术文档资料,对地下交通的管理起到积极的作用。

另外,由于地理信息系统具有地理、地形等数据的查询、分析统计功能,所以在运输企业的运营管理当中,可以利用建立交通地理信息系统数据库,为管理部门或用户提供各种查询和分析方法。

例如:浏览、区段、路局、站点、车次等的查询;直通图、管内图、站间交流图、客流密度等专题地图,以及统计图的分析方法等;为铁路、公路等的客运主管部门分析客流情况、制定行车计划等服务。同时,利用现有图形上的交通线路结点信息,任意输入两点的地址,便可查询出两点之间所经过的交通线路、公里数、各站站点及名称。当改变线路时,可在图上实时进行修改,并输入新的站名,这些信息也可上载到中央数据库中。

(2)在地下空间设施管理中的应用。

在地下空间中,基础设施起着重要的作用,它是地下空间建设的基本需要和先决条件。为了随时掌握基础设施的状况,就需要对基础设施信息有全面的了解,以便为地下空间的预测、规划找到可靠的依据。GIS 基于空间型数据库管理系统,采用地图、数字数据、照片、文本、录像、声音等数据记录手段,来记录信息的空间位置、时间分布和属性特征,因此它可以方便、快速、准确、全面地对地下基础设施信息进行查询和管理。使用 GIS 时,通过图形支持、工序处理和各种模型,用户可以有效地对各类设施进行维护和分析;通过属性数据库,用户可以定期更新工作部署,做好通知和数据库维护工作;通过空间数据和属性数据的连接,用户可追踪故障发生的地点,并及时通知有关单位。

6.3 小结

本章研究了对地下空间结构、设施设备、交通流等进行管控的技术,以 BIM 技术结合 GIS 技术构建安全可靠的智能化平台,通过点位数据可视化监测、设备运行状态健康监测、应急联动管理、能耗分析等保障城市大规模地下空间安全。

本章参考文献

［1］郭彦涛.物联网在城轨交通安全应急领域的应用研究[D].北京：北京交通大学,2011.

［2］崔黎明.面向设备健康管理的机电设备健康状态评价研究[D].重庆：重庆大学,2013.

［3］万喜临.煤矿机电设备健康管理系统关键技术的研究[D].陕西：西安科技大学,2011.

［4］谭章禄,吕明,刘浩,等.城市地下空间安全管理信息化体系及系统实现[J].地下空间与工程学报,2015
    (4)：819-825.

［5］宋祥斌,姜伟.GIS在城市地下空间中的应用及展望[J].地下空间与工程学报,2004(3)：91-94,143.

［6］朱庆.三维GIS及其在智慧城市中的应用[J].地球信息科学学报,2014,16(2)：151-157.

［7］李清泉,李德仁.大数据GIS[J].武汉大学学报：信息科学版,2014,39(6)：641-644.

［8］徐小力,乔文生,马汉元,等.机电设备运行状态健康监测系统研发及其工程应用[J].设备管理与维修,
    2014(S1)：14-19.

［9］李强,顾朝林.城市公共安全应急响应动态地理模拟研究[J].中国科学：地球科学,2015,45(3)：
    290-304.

［10］贾坚,方银钢.城市地下空间开发中的若干安全问题[C]//城市地下空间综合开发技术交流会论文
    集,2013.

［11］徐小力.机电设备故障预警及安全保障技术的发展[J].设备管理与维修,2015(8)：7-10.

［12］熊泉祥.空间结构健康监测系统研究与可视化实现[D].山东：青岛理工大学,2017.

［13］赵明星.煤矿机电设备安全管理存在的问题及解决对策[J].机械管理开发,2017(10)：185-186.

■ 后　记 ■

东海茫茫,长江浩浩。母校同济,起于危难之际,辟于医工救世,辗转九省,六迁校址,披荆斩棘,跋涉万里。然朗声不断,弦歌不辍,尔来百载,薪火相传,英杰辈出,启迪后昆。八十年前,面对残酷的抗战环境,同济先辈们青灯黄卷苦读,热血挚情坚忍,用独特的方式演绎着"李庄精神",形成了"同心同德同舟楫,济人济世济天下"的同济精神。20世纪80年代中期,只身来到同济园,于我而言,本硕博在同济并不只是源于对知识渴望和学术追崇,更是一种文化浸润和一场人生修行,亦将是一辈子的精神财富。在这样具有深厚人文传承历史的学校探索知识的瀚海,幸之惜之。累年之积,拙书终成,掩卷沉思,回顾同济学涯,往事历历如昨。

感谢同济大学本科老师们对我的谆谆教导,四年大学,世界观初成;感谢硕士导师洪毓康教授对我的悉心培养,他的严谨求实的学风和音容笑貌永刻吾心,他的谆谆教导始终指引我的前行。感恩我的博士导师姚祖康教授,在学业上给予了我悉心指导,我的博士论文字里行间倾注了他的心血。尤其在学业上,两位恩师不仅培养我科研思维,更教我学术研究的严谨态度,鱼渔双授,言传身教,获益终生,永铭于心。感谢同济大学交通运输学院和土木工程学院老师们温恭和蔼,严谨治学,实为我辈之学习楷模。同时,还要感谢"超高层建筑群大规模超高层地下空间智能化安全运营关键技术"(编号16DZ1200300)课题组袁勇教授等的帮助,正是他们的帮助才成就此书。感谢何孝磊教授级高级工程师和全国劳动模范徐强教授级高级工程师在工作上对我的鼓励和帮助,两位严谨的工作作风和敬业的工作态度同样使我受益匪浅。在此表示深深的谢意。

最后,也要感谢我的父母、美国的姐姐姐夫及两个女儿、同事和朋友们,尤其是我的父母亲一直以来的理解、支持和无私关爱。母兮生我,母兮鞠我,授我以礼与理,晓我以义与信。而子多有不孝,倔强爱折腾,独顾己之学业,未念父母之辛劳,也幸得母亲薛腊秀老师之包容与恩教,才有今日之收获,尤其母亲多次病危之中还念着儿子,在和病魔艰苦的抗争中,母亲始终顽强坚持,直至7月20日安详仙逝,长歌当哭,皓月低泣,无限悲痛、深切悼念!僅以此书出版献于天堂中的妈妈,以告慰妈妈在天之魂魄。长江无穷,明月永恒。人生须臾,不过驹隙。牡丹短盛,轩冕难常。逝者已矣,生者如斯。妈妈的音容笑貌永刻吾心,妈妈的在天之灵永远照耀我前行。希望天下仁慈父母福如东海,寿比南山。纵反哺衔食,亦难以回报。曾文正有言曰:"吾人只有进德、修业(书)两事靠得住。此二者由我做主,得尺则我之尺也,得寸则我之寸也。"未来不管身处何方,当应谨记先贤之训,树立对真理和智慧的信仰,怀抱忧道不忧贫的信念,专注于自己的专业,执着于自己的事业,不卑不亢,不骄不躁,不气不馁,心存善念,胸怀母恩,擦干眼泪,收拾行装,毅然前行⋯⋯

辛丑年七月于同济大学

2021 年 7 月 25 日

謹以此書敬獻給

親愛的母親薛腊秀女士，

願她在天之靈安息！

張鵬飛

二〇二一年 七月二十日